U0256940

17 PARTNERSHIPS FOR THE GOALS

Strengthen the means of implementation and revitalize
the global partnership for sustainable development

加强执行手段，恢复可持续发展全球伙伴关系的活力

THE GLOBAL GOALS
For Sustainable Development
2030 年可持续发展议程研究书系

主　编：蔡昉
副主编：潘家华　谢寿光
执行主编：陈　迎

重振可持续发展的
全球伙伴关系

REVITALIZE
THE GLOBAL PARTNERSHIP
FOR SUSTAINABLE DEVELOPMENT

朱丹丹　孙靓莹　徐奇渊　著

社会科学文献出版社
SOCIAL SCIENCES ACADEMIC PRESS (CHINA)

总　序

可持续发展的思想是人类社会发展的产物，它体现着对人类自身进步与自然环境关系的反思。这种反思反映了人类对自身以前走过的发展道路的怀疑和扬弃，也反映了人类对今后选择的发展道路和发展目标的憧憬和向往。

2015 年 9 月 26～28 日在美国纽约召开的联合国可持续发展峰会，正式通过了《改变我们的世界：2030 年可持续发展议程》，该议程包含一套涉及 17 个领域 169 个具体问题的可持续发展目标（SDGs），用于替代 2000 年通过的千年发展目标（MDGs），是指导未来 15 年全球可持续发展的纲领性文件。习近平主席出席了峰会，全面论述了构建以合作共赢为核心的新型国际关系，打造人类命运共同体的新理念，倡议国际社会加强合作，共同落实 2015 年后发展议程，同时也代表中国郑重承诺以落实 2015 年后发展议程为己任，团结协作，推动全球发展事业不断向前。

2016 年是实施该议程的开局之年，联合国及各国政府都积极行动起来，促进可持续发展目标的落实。2016 年 7 月召开的可持续发展高级别政治论坛（HLPF）通过部长声明，重申论坛要发挥在强化、整合、落实和审评可持续发展目标中的重要作用。中国是 22 个就落实 2030 年可持续发展议程情况进行国别自愿陈述的国家之一。当前，中国经济正处于重要转型期，要以创新、协调、绿色、开放、共享五大发展理念为指导，牢固树立"绿水青山就是金山银山"和"改善生态环境就是发展生产力"的发展观念，统筹推进经济建设、政治建设、文化建设、社会建设和生态文明建设，加快落实可持续发展议程。同时，还要继续大力推进"一带一路"建设，不断深化南南合作，为其他发展中国家落实可持续发展议程提供力所能及的帮助。作为 2016 年二十国集团（G20）主席国，中国将落实 2030 年可持续发展议程作为今年 G20 峰会的重要议题，积极推动 G20 将发展问题置于全球宏观政策协调框架的突出位置。

围绕落实可持续发展目标，客观评估中国已经取得的成绩和未来需要做出的努力，将可持续发展目标纳入国家和地方社会经济发展规划，是当前亟待研究的重大理论和实践问题。中国社会科学院一定要发挥好思想库、智囊团的作用，努力担负起历史赋予的光荣使命。为此，中国社会科学院高度重视 2030 年可持续发展议程的相关课题研究，组织专门力量，邀请院内外知名专家学者共同参与撰写"2030 年可持续发展议程研究书系"（共 18 册）。该研究书系遵照习近平主席"立足中国、借鉴国外，挖掘历史、把握当代，关怀人类、面向未来"，加快构建中国特色哲学社会科学的总思路和总要求，力求秉持全球视野与中国经验并重原则，以中国视角，审视全球可持续发展的进程、格局和走向，分析总结中国可持续发展的绩效、经验和面临的挑战，为进一步推进中国乃至全球可持续发展建言献策。

我期待该书系的出版为促进全球和中国可持续发展事业发挥积极的作用。

王伟光

2016 年 8 月 12 日

摘　要

2015 年 9 月，第 70 届联合国大会一致审议通过了 2030 年发展议程，成为未来 15 年指导全球各国内部发展和国际发展合作的纲领性文件。2030 年发展议程是可持续发展目标（Sustainable Development Goals，SDGs）和新型全球发展伙伴关系的统一，可持续发展目标是以往的全球发展目标的延续和扩展，体现了联合国发展观的阶段性演变；新型全球发展伙伴关系即可持续发展的全球伙伴关系则是实现可持续发展目标的国际支撑。那么，究竟什么是可持续发展的全球伙伴关系？多、双边发展主体如何参与和实施可持续发展的全球伙伴关系？特别的，作为国际发展领域日益重要的参与主体，中国在可持续发展的全球伙伴关系中应该扮演怎样的角色？具体的参与原则和路径又如何呢？对这些问题的回答，可以解答人们对后 2015 发展议程的疑惑，为中国及其他多边、双边主体参与全球可持续发展议程提供一定的政策参考，因而具有重大的理论和现实意义。

可持续发展的全球伙伴关系是一种新型的全球发展伙伴关系，其核心是"可持续发展"，即实现 SDGs，而融资、技术、能力建设、国际贸易与系统性问题则是推进可持续发展的全球伙伴关系，进而实现 SDGs 的 5 种执行手段。这 5 个方面的执行手段构成了一个完整的投入—产出—交换体系，各个手段环环相扣、循环往复，任何一个环节出现问题，都将影响整个可持续发展的全球伙伴关系的构建。进一步而言，能力建设即产出能力提高是可持续发展的全球伙伴关系最核心、最根本的目标，因为这是投入资源和技术想要达到的最终目的和落脚点，也是交换的来源和基础。

融资解决的是可持续发展的全球伙伴关系构建的资金来源和投入问题，包括国际发展援助、FDI、债务减免，而技术支持就是发达国家对发展中国家的技术转让与合作，融资和技术是可持续发展的全球伙伴关系的支撑。发展能力建设的过程就是投入转化成产出的过程，之后便进入市场交换的过程，对外而言就是国际贸易。国际贸易一方面是为了实现互通有无，满足本国和他国的消费需求；另一方面也更为重要的是，国际贸易可以带来丰厚的外汇收入，以及国外先进的技术，从而满足未来发展能力建设的资金和技术需求。在整个可持续发展的全球伙伴关系体系中，系统性问题贯穿于各个环节之中，是其他 4 个环节有效运行的动力，涉及各国政策协调、多元伙伴关系构建以及监测问责体系等。

国际多边和双边参与主体是开展可持续发展的全球伙伴关系实践的平台和载体。可持续发展的全球伙伴关系的实施主体具有多样性，包括双边主体、全球多边主体、区域多边主体、跨区域多边主体、非政府组织等。可持续发展的全球伙伴关系在国家间（双边）合作的主要手段就是官方发展援助，官方发展援助通过影响可持续发展的全球伙伴关系的 5 种执行手段来推进其进展。反过来，为了适应和更好地推动可持续发展的全球伙伴关系的构建以及新的 2030 年发展议程的如期实现，未来的官方发展援助也需要做出相应的调整，从而呈现出一些新的发展趋势和特征，例如，援助理念强调"援助有效性"与"发展有效性"并重，援助目标逐渐从 MDGs 向 SDGs 转变，援助主体将更加多元化，多边援助方式的作用进一步上升，知识合作更加重要，援助资金方面则会有更多新型的融资机制产生，援助会成为贸易与 FDI 的催化剂，等等。目前国际上最重要的援助主体就是发达国家援助国和新兴援助国。由于两者在官方发展援助中遵循不同的原则和做法，因而形成了截然不同的援助特征，在援助动机、援助对象、援助领域、援助方式和援助管理等方面存在较大差异，从而官方发展援助的效果也大相径庭。

可持续发展的全球伙伴关系在国家间以及地区间合作的主要推动者之一就是多边开发机构。多边开发机构主要分为两个层次，即联合国系统内的各个开发机构以及以世界银行为代表的各个地区及次区域的多边开发银行。多边开发机构作为推动各方合作的桥梁，不仅在包括可持续能源、基础设施、医疗、教育等多个领域的融资中发挥重要的协调作用，而且也在贸易能力建设（产能合作）、发展能力构建和知识合作等方面发挥着不可替代的作用。需要强调的是，在全球价值链日益整合的时代，国际多边开发机构也需用全球价值链合作的思路，从单一项目、单一工程，向统合上、下游产业的一揽子投资模式发展，进一步完善发展融资理念。当然，多边开发机构未来发展也面临一些挑战，如资金来源不足，多边开发机构之间、多边开发机构与国家之间缺乏应有的协调，以及自身的深层次改革等问题。

随着中国国际地位的日渐提升，其在国际发展领域的影响力也日益扩大，因而国际社会对中国承担更多国际合作责任的期许也越来越大。中国积极参与了后 2015 发展议程的制定，在第 70 届联合国大会及其系列峰会上也做出了一系列实质性的承诺，表明中国愿意而且能够成为全球可持续发展的重要力量。不仅如此，中国也积极参与全球发展实践，不断增加援助规模，多次减免重债穷国和最不发达国家对华到期的债务，与发展中国家之间加强技术合作等，这些对外援助活动取得了显著的成效，增强了受援国的能力建设，帮助受援国更好地参与多边贸易体制，促进了多边开发机构的发展，尤其是三方合作成效显著。不过，在参与可持续发展的全球伙伴关系的过程中，中国必须对自身能力有一个清晰的评估和定位，继续秉持和平发展原则、合作共赢原则、全面协调原则、包容开放原则、自主自愿原则、共同但有区别的责任原则这六大原则。在具体的参与路径方面，中国应当尽力而为、量力而行，切实履行中国的国际责任；坚持"南北合作"的核心作用，敦促发达国家尽快履行国际承诺；加强"南南合作"，将其作为"南北合作"的有益补充；改革中国的对外援助体系，突出发展议题的重要性，将其置于与外交、军事同等重要的地位，尽快建立独立的发展机构，可以考虑将南南合作援助基金与国际发展知识中心相结合，组建一个独立的中国国际发展机构；对发展融资的来源和有效性发挥更大作用；妥善处理现有多边开发机构与新机构间的关系；加快推动构建新型全球发展伙伴关系，必须确保参与各方都受益，要发挥各方参与者的比较优势，并可以尝试建立更为紧密的三方合作形式。

Abstract

In September 2015, the 70th United Nations General Assembly passed 2030 development agenda consistently, which becomes the guiding document for every country's internal development and international development cooperation in future 15 years. 2030 development agenda is the combination of Sustainable Development Goals (SDGs) and new global partnership for development. SDGs is the continuation and extension of former global development goals, reflecting the evolution of UN's development concept; new global partnership for development, that is, global partnership for sustainable development, is the international support to realize SDGs. What is the global partnership for sustainable development? How multilateral and bilateral actors for development to involve and implement the global partnership for sustainable development? Especially, as an emerging actor in the field of international development, what role China should play in the global partnership for sustainable development? What about the specific principles and paths for involvement? Answers to these questions can clarify people's question and misunderstanding to post – 2015 development agenda, and provide some policy references for China and other multilateral and bilateral actors for development to take part in the global sustainable development agenda, hence have significant theoretical and practical meanings.

Global partnership for sustainable development is a new global partnership for development, whose core is "sustainable development", that is, to realize SDGs; finance, technology, capacity building, trade and systemic issues are five implement ways to push global partnership for sustainable development, hence then SDGs. These five ways form a complete system of the input – output – exchange, and link with each other and that cycle repeats, which means any link will affect the whole construction of global partnership for sustainable development while going wrong. Furthermore, capacity building—the improve of output capacity—is the core and most fundamental target of the global partnership for sustainable development, because it is the final aim and foothold of input of resources and technology, and also the source and base of the exchange.

Finance is to solve the capital source and input of the global partnership for sustainable development, including international development assistant, FDI, debt relief, while technology support is technology transfer and cooperation of developed countries to developing countries, and finance and technology is the underprop of global partnership for sustainable development. The process of capacity building is the process that input transforms into output, and after then it is the process of market exchange, which is international trade for the world. International trade is to complement each other and meet consumption needs home and abroad for one hand; for another hand and more importantly, international trade can bring abundant foreign exchange and foreign more advanced technology, so as to meet the capital and technology need for future capacity building. In the whole system of the global partnership for sustainable development, systemic issues involving policy and institutional coherence, multi – stakeholder partnerships, data, monitoring and accountability, runs through the entire process, and are the driving forces for other four ways running effectively.

International multilateral and bilateral actors are the platform and vecteur to conduct practices of the global partnership for sustainable development. The actors is diversified, including bilateral actors, global multilateral actors, regional multilateral actors, cross – regional multilateral actors, non – government organizations (NGOs), etc. The main way of global partnership for sustainable development among countries (bilateral cooperation) is official development assistant (ODA), which will affect the five implement ways of the global partnership for sustainable development to boost its development. In turn, to adapt and better advance the construction of global partnership for sustainable development and achieve the SDGs on schedule, the future ODA need relevant adjustment, which will make it have some new trends and characteristics. For example, aid idea will emphasize both "aid effectiveness" and "development effectiveness"; aid target will gradually transfer from MDGs to SDGs; aid actor will be more diversified; the role of multilateral aid will be more emphasized and knowledge cooperation will be more important; in aid capital aspect, there will arise more new finance mechanism and aid will become the catalyst of international trade and FDI, etc. At present, the most important aid actors are developed donors and emerging donors. These two follow different ODA principles and practices, resulting in totally different aid characteristics, which have big differences in aid motivation, aid object, aid sector and aid modality and aid management, etc, so is aid effectiveness.

One of the main impellers among countries and regions of global partnership for sustainable development is multilateral institution. Multilateral development institutions mainly include two levels: development agencies in UN system and regional and sub – regionsl multilateral banks, typical as the World Bank. As the bridge to promote cooperation among all actors, multilateral development institutions not only play significant coordinating role in finance of many fields such as sustainable energy, infrastructure, health and education, and also play an irreplaceable role in trade capacity building (productive capacity cooperation), development capacity building and knowledge cooperation, etc. what needs to be stressed is that in the time increasing integration of global value chain, international development institutions for finance also need develop from single project and program to the package investment mode combining upstream and downstream industries to improve development finance idea further. Of course, multilateral development institutions also face some challenges, such as insufficient capital source, less coordination among multilateral development agencies, and multilateral development agencies among countries, their own deep reform problems.

As the increase of China's international status, its influence in the field of international development is expanding, so the international community have more and more expect on China to take more responsibility to international cooperation. China participated in the formulation process of post – 2015 development agenda actively, and made a series of real commitments on 70th UN General Assembly and its series summits, which show that China is ready and could make important contribution to global sustainable development. Furthermore, China actively takes part in global development practices, continuously increases aid amount, cancels debts of Heavily Indebted Poor Countries (HIPCs) and least developed countries (LDCs), enhance technology cooperation with other developing countries, and so on. These aid practices especially trilateral cooperation get significant achievements, strengthen recipients' capacity building, help recipients better involve into multilateral trade system, facilitate development of multilateral development institutions. However, when involving in global partnership for sustainable development, China should have a clear evaluation on its own capacity, and insist the six principles—peace development, mutual benefits, comprehensive coordination, openness and inclusiveness, voluntarism and common but differentiated responsibilities. As for concrete involvement ways, China should do its best according to its abilities, implement China's international obligations exactly; insist core role of north – south cooperation, prompt developed countries to fulfill their international commitments as soon as possible; enhance south – south cooperation, and make it as useful supplement to north – south cooperation; reform China's foreign aid system, highlight the significance of development issues to place it on equal position with foreign affairs and military affairs, set up independent development institution soon, and China could combine south – south aid fund with international knowledge center to set up an independent development institution; play bigger role in source and effectiveness of development finance; properly deal with the relationship between existing multilateral development institutions and new development institutions; accelerate the construction of new global partnership for development, make sure every parties can benefit from it, full play each actors' comparative advantages, and try to build more intense models for trilateral cooperation.

目 录
|CONTENTS|

第一章　绪论

任何全球发展目标的实现，国际合作都是一个不可或缺的重要机制，凸显了"国际合作是支撑"的理念。换而言之，在不同发展阶段，随着联合国发展理念和发展目标的演进，国际发展合作也会呈现出阶段性的特点，从而全球发展伙伴关系的内容和执行手段也不同。本章主要介绍联合国发展观念以及全球发展议程演进的过程，在此基础上，说明可持续发展的全球伙伴关系提出的背景，突出其与可持续发展目标的关联性。

第一节　联合国发展观念的演变

《联合国宪章》第一条明确指出要"促成国际合作，以解决国际间属于经济、社会、文化及人类福利性质之国际问题，且不分种族、性别、语言或宗教，增进并激励对于全体人类之人权及基本自由之尊重"。① 这也成为联合国在发展问题上采取行动的法律依据和理论基石。此外，《联合国宪章》第 55 条进一步扩展了上

---

① 《联合国宪章》，http：//www.un.org/zh/documents/charter/chapter1.shtml，最后访问日期：2015 年 3 月 3 日。

述目标，指出："为造成国际间以尊重人民平等权利及自决原则为根据之和平友好关系所必要之安定及福利条件起见，联合国应促进：（1）较高之生活程度，全民就业，及经济与社会进展。（2）国际间经济、社会、卫生及有关问题之解决；国际间文化及教育合作。（3）全体人类之人权及基本自由之普遍尊重与遵守，不分种族、性别、语言或宗教。"此部分内容从总体上规范了联合国发展观内容的基本内涵，对和平、发展和人权三大主题及其相互关系进行了概括，指出经济发展能够促进国际社会和全人类的安定和福祉，是建立和维护国家间和平友好的必要条件，尊重人权是联合国促进经济社会发展活动的主要任务之一。这些内容都为发展观念的进一步丰富提供了可能。①

回顾联合国成立 70 年以来的历史过程，从演变趋势上看可以将发展观演变大致分为三个主要阶段。第一阶段是 20 世纪 60～70 年代的两个 10 年，这一时期的发展观建立在民族与国家独立的基础之上，主要目标是维护战后各国主权完整及经济决策自主性，强调各国在资源主权方面拥有不可辩驳的独立地位，公正合理的国际经济新秩序是这一时期的主要诉求。第二阶段是 20 世纪 80～90 年代的两个 10 年，其特点是基于可持续发展的概念，发展观在经济、社会、人和环境四大维度上获得了丰富和扩展。第三阶段是从 21 世纪开始的可参与、可衡量的可执行发展理念。在此阶段，发展议程的实施周期延长到 15 年。2015 年第

---

① The Department of Economic and Social Affairs of the United Nations, "The United NationsDevelopment Agenda: Development for All", June, 2007, p. 1, http://www.un.org/esa/devagenda/UNDA_ BW5_ Final.pdf，最后访问日期：2015 年 3 月 3 日。

一个周期已经结束，2016 年正式开启第二个 15 年的发展议程。①
21 世纪后的两个十五年发展战略的特点包括：发展观本身内涵丰
富；以联合国为主导的国际发展议程体系囊括的参与组织范围
更广；对发展的追求从观念落实过渡到可衡量的具体目标和指
标之中，形成了一套为国际社会所共同接受的衡量体系和审议
机制。

一　民族和经济主权独立的发展观

从 20 世纪 60 年代启动的"联合国发展十年"计划，是联合
国发展理念的最早体现。1961 年 12 月 19 日，第 16 届联合国大
会通过决议《联合国发展十年：国际合作方案（一）》，该决议
内容突出体现了民族独立与经济主权独立基础上的和平与发展之
间的关系，指出发展中国家的经济和社会发展不仅对这些国家，
而且对实现国际和平与安全以及增进世界繁荣都具有重要意义。②
在第一个发展战略中，联合国将工作重点放在提高发展中国家的
经济增长速度方面（10 年间经济增长速度达到 5%），以期经济

---

① 联合国在 20 世纪 60～90 年代，均以 10 年为期出台了"联合国发展十年"国
际发展战略。以 2000 年《千年宣言》的出现为标志，周期由 10 年改变为 15
年。参见《执行〈联合国千年宣言〉的进行图》，http：//www.un.org/zh/
documents/view_doc.asp？symbol=A/56/326，最后访问日期：2015 年 3 月 3
日；《2030 年享有尊严之路：消除贫穷，改变所有人的生活，保护地球》，联
合国秘书长报告，http：//www.un.org/en/ga/search/view_doc.asp？symbol=
A/69/700&referer=http：//www.un.org/millenniumgoals/&Lang=C，最后访问
日期：2015 年 3 月 3 日。

② 《联合国发展十年：国际合作方案（一）》，A/RES/1710（XVI），第二段，ht-
tp：//www.un.org/zh/documents/view_doc.asp？symbol=A/RES/1710%20
（XVI），最后访问日期：2015 年 3 月 3 日。

高速增长使发展中国家逐步摆脱不发达状态，实现工业化，并缩小与发达国家之间的差距，全面提高全人类的福利。在第一个"发展十年"中，联合国在援助发展中国家方面取得了显著成就：它实施了提供粮食援助的世界粮食计划，具体由联合国粮食及农业组织负责，1963～1971 年，为 83 个发展中国家的 500 个项目提供了 10 亿美元的粮食援助，在此期间联合国还为发展中国家提供了 34 亿美元的援助基金。① 20 世纪 60 年代，联合国召开的其他一些重要的国际会议也同样为这一时期联合国发展理念奠定了基础。1966 年，联合国第 21 届大会通过了《经济、社会、文化权利国际公约》，该公约反映了战后广大发展中国家和社会主义国家人权观点，也进一步在人权维度上为发展观的继续丰富提供了法律基础。② 1969 年 12 月 11 日，联合国大会通过的《社会进步和发展宣言》指出，"发展中国家实现其发展的主要责任在于这些国家本身"，而其他国家也有责任"提供发展帮助"，③ 这份联合国宣言对于上述内容的阐述赋予发展以权利形式的认识，使之逐步进入"发展权"的学理范畴，并获得国际社会的普遍承认。

1970 年 10 月 24 日，第 25 届联合国大会制定了联合国在 20 世纪 70 年代的第二个十年发展战略，其不仅对以全体发展中国家经济增长率（平均年增长率至少为 6%）为代表的一系列国民经济发

---

① U Thant, *View from UN*, New York：Doubleday, 1978, p. 39.
② 联合国人权事务高级专员办事处网站，http：//www.ohchr.org/CH/Issues/Documents/International_ Bill/2. pdf，最后访问日期：2015 年 3 月 15 日。
③ 联合国人权事务高级专员办事处网站，http：//www.ohchr.org/CH/Issues/Documents/other_ instruments/56. pdf，最后访问日期：2015 年 3 月 15 日。

展指标做出了规定，① 同时也关注经济发展的其他方面，如更为公平的收入和财富分配制度、推动就业以及科学技术发展等。在这一阶段，联合国发展观念的重要支撑点在于内源性发展和以人为中心的发展，即发展应根植于国家内部并且发展的目的是为人服务。从这一观念看，联合国内源发展战略突破了西方发达国家发展的道路和模式，更为强调物质与人齐头并进的发展模式。② 此外，针对一些发展中国家虽然获得民族独立，但仍在不合理的经济秩序中依附于发达国家的现实，联合国在第二个十年发展战略中突出强调要建立更为公正合理的世界经济及社会秩序，使各国与个人均能享有机会均等的权利。第二个十年发展战略所体现的发展观，已经从经济维度扩展到社会维度。这一拓展还体现在联合国在 20 世纪 70 年代先后通过的《关于建立新国际经济秩序宣言》（1974）、《行动纲领》（1974）、《各国经济权利与义务宪章》（1974）以及《发展和国际经济合作》（1975）这 4 个文件之中，这些文件也体现出国际法的原则和规范，指导着不同发展水平和不同经济制度国家间的经济关系。

二　可持续发展概念的发展观

1980 年 12 月 5 日，联合国第 35 届大会宣布 20 世纪 80 年代为

---

① 指标体系中的其他内容还包括：到 1980 年，使人均生产总值年均增长率达到 3.5%；人均收入年均增长率达到 2%；进出口增长率达到 7%；国内储蓄总额与生产总额之间的比率提高到 20%；等等。参见《第二个联合国发展十年国际发展战略》，第 13～18 段，http://daccess－dds－ny.un.org/doc/RESO-LUTION/GEN/NR0/347/59/IMG/NR034759.pdf? OpenElement，最后访问日期：2015 年 3 月 3 日。

② 王书明、宋玉玲：《从"增长优先"到"发展文化"——联合国发展思想的演进历程》，《世界经济与政治》1999 年第 2 期，第 48 页。

联合国第三个发展十年，并通过了《联合国第三个发展十年国际发展战略》。① 除了延续前两个发展十年所注重和倡导的经济发展维度、社会发展维度以及公平合理的世界经济秩序外，第三个十年发展战略首次在环境维度的发展观念上做出初步探索，提出了可持续发展概念。② 并且在发展观念的经济、社会维度上具体地构建了一系列评价指标，这在后来也成了千年发展目标（Millennium Development Goals，MDGs）及其指标体系的雏形和基础，其中包括减贫、就业、教育、医疗卫生保健、人居和基础设施、妇女权利等各个方面。③ 然而，除了经济领域的一系列具体指标外，④ 在社会维度的各类指标上，第三个十年发展战略将重点放在了对指标的

① 《联合国第三个发展十年国际发展战略》，A/RES/35/56，http：//daccess - dds - ny. un. org/doc/RESOLUTION/GEN/NR0/388/47/IMG/NR038847. pdf? OpenElement，最后访问日期：2015 年 3 月 3 日。

② 1980 年 3 月 15 日，联合国大会发出呼吁，"必须研究自然的、社会的、生态的、经济的以及利用自然资源过程中的基本关系，确保全球的可持续发展"。此外，在同时发布的《世界自然资源保护大纲》中也提到可持续发展，这也是联合国系统最早在正式场合使用"可持续发展"一词。参见王书明、宋玉玲《从"增长优先"到"发展文化"——联合国发展思想的演进历程》，第 49 页。

③ 《联合国第三个发展十年国际发展战略》，A/RES/35/56，第 41 ~ 51 段，http：//daccess - dds - ny. un. org/doc/RESOLUTION/GEN/NR0/388/47/IMG/NR038847. pdf? OpenElement，最后访问日期：2015 年 3 月 3 日。

④ 有关经济增长的发展战略目标是：全体发展中国家国内生产总值平均年增长率达到7%；按人口平均计算的国内生产总值的年增长率为4.5%；农业生产年增长率应达到4%；制造业产值的年增长率为9%，到2000 年，产值应达到世界生产总值的25%；到1990 年，一般的发展中国家国内储蓄总值应提高到24%；货物和劳务的进出口增长率不得低于7.5%；为发达国家确定的官方发展援助的指标应为其国内生产总值的0.7%。参见《联合国第三个发展十年国际发展战略》，第 20 ~ 24 段、第 29 段，http：//daccess - dds - ny. un. org/doc/RESOLUTION/GEN/NR0/388/47/IMG/NR038847. pdf? OpenElement，最后访问日期：2015 年 3 月 3 日。

定性分析和阐述上，并没有设定含有具体时间表的执行框架。此外，发展观在人权维度上也有进一步延伸，发展的关切点已经从国家、民族的发展扩展到了对个人发展的关注，并强调"发展的最终目的，是在全人类充分发展过程和公平分配中得来的利益的基础上，不断地增进他们的福利"，① 而经济增长、生产性就业和社会平等都是在此意义上的发展所需要的根本保障和不可分割的要素。

1990 年 12 月 11 日，第 45 届联合国大会通过了第 45/199 号决议，宣布 20 世纪 90 年代为联合国第四个发展十年。在《联合国第四个发展十年国际发展战略》② 序言中提到："联合国第三个十年国际发展战略的目的和目标大部分没有实现……预计增长的根据已化为乌有……如果政策没有重大改变，今后十年同前十年不会有很大区分。"在此基础上，发展理念除了前 3 个发展阶段所强调的经济、社会、环境维度的发展，第四个发展议程提出了 6 个相互联系的发展指标：①发展中国家经济增长；②社会层面的发展，减贫、促进人力资源发展和环境可持续发展；③改革国际货币、金融及贸易体制；④维护世界经济环境稳定、健全国家层面的宏观经济管理；⑤加强国际发展合作；⑥促进最不发达国家发展。③

---

① 《联合国第三个发展十年国际发展战略》，第 17 段，http：//daccess－dds－ny. un. org/doc/RESOLUTION/GEN/NR0/388/47/IMG/NR038847. pdf？OpenElement，最后访问日期：2015 年 3 月 3 日。

② 《联合国第四个十年国际发展战略》，A/RES/45/199，http：//daccess－dds－ny. un. org/doc/RESOLUTION/GEN/NR0/563/30/IMG/NR056330. pdf？OpenElement，最后访问日期：2015 年 3 月 3 日。

③ 《联合国第四个十年国际发展战略》，A/RES/45/199，第 14 段，http：//daccess－dds－ny. un. org/doc/RESOLUTION/GEN/NR0/563/30/IMG/NR056330. pdf？OpenElement，最后访问日期：2015 年 3 月 3 日。

此外，在第四个发展阶段中，除"努力"推动发展中国家实现7%的经济增长率目标之外，并没有就经济发展指标做数量上的规定，这一改变也在以后各阶段得以延续。与此相反，联合国发展观念在社会维度、环境维度上进一步拓展，"虽然战略不准备制定发展中国家作为一个整体所应达成的全面而互相关联的部门性指标，其中的许多构成部分已由联合国系统的各个部分分责处理，包括：就业与保健、妇女与儿童、工业与技术、农业及粮食、人口、教育与文化、住房和住区、电信、包括航运在内的运输及环境，各国政府已商定了须取得重大成就的部门战略和计划"。"经验证明，将这种宏伟而可行的指标转化为国家和国际努力的目标，对制定政策重点和检测进展很有助益。"①

纵观前3个十年发展战略的实施效果，绝大多数目标没有得到实现，② 其原因是多方面的。例如，在早期战略制定中对于经济增长速度做出数量指标的规定，而忽视了经济增长与经济发展之间的区别；20世纪70年代布雷顿森林体系的崩溃和石油危机的发生、80年代的债务危机等对部分发展中国家的经济发展造成了极大的冲击；不合理的国际经济秩序没有从根本上得到改变，发达国家在履行承

---

① 《联合国第四个十年国际发展战略》，A/RES/45/199，第18段，http：//dac-cess－dds－ny.un.org/doc/RESOLUTION/GEN/NR0/563/30/IMG/NR056330. pdf？OpenElement，最后访问日期：2015年3月3日。

② 参见《第二个联合国发展十年国际发展战略》，第2、3段；《联合国第三个发展十年国际发展战略》，第3段，http：//daccess－dds－ny.un.org/doc/RESO-LUTION/GEN/NR0/388/47/IMG/NR038847. pdf？OpenElement，最后访问日期：2015年3月3日；《联合国第四个发展十年国际发展战略》，第2段，ht-tp：//daccess－dds－ny.un.org/doc/RESOLUTION/GEN/NR0/563/30/IMG/NR056330. pdf？OpenElement，最后访问日期：2015年3月3日。

诺、提供资金及技术支持方面也没有达到既定标准。此外，发展观念的不完善也是 3 个十年发展战略未能取得预期效果的重要原因。

面对 20 世纪 80 年代发展严重不平衡的现实，联合国在其框架内召开了一系列国际会议，商讨有关社会与生态方面的发展议题。在首先召开的国际会议中，包括 1990 年在泰国宗甸召开的由联合国经济及社会理事会主办的普及教育世界会议。① 此后，联合国又先后于 1990 年在美国纽约召开了世界儿童问题首脑会议，1992 年在巴西里约热内卢召开地球问题首脑会议，并历史性地公布了 4 项具有划时代意义的宣言。这 4 份重要的文件是《里约环境与发展宣言》、《21 世纪议程》、《联合国气候变化框架公约》和《联合国生物多样性公约》。20 世纪 90 年代，一个具有特殊意义的会议是 1995 年在哥本哈根举行的社会发展问题的世界首脑会议，通过了《社会发展问题哥本哈根宣言》和《社会发展问题世界首脑会议行动纲领》，再次强调经济发展、社会发展和环境保护是可持续发展的三大支柱，为全人类提供更好生活质量的努力必须在可持续发展的框架下进行，必须保证各代人均享有平等权利以对环境加以综合和持久利用。在此次会议之后，可持续发展成为联合国在全球范围内推动的重要议题。②

---

① 在此次会议上，国际社会制定了一系列教育目标，包括到 2000 年前为包括男童和女童在内的所有儿童提供参加并完成小学教育的机会等内容。

② 除了正文中提到的会议外，较为重要的其他会议还包括：1993 年在维也纳召开的世界人权会议，通过了《维也纳宣言和行动纲领》；1994 年在横滨召开的世界减灾大会，通过了《减灾行动计划》；1994 年在开罗召开的第三届联合国国际人口与发展大会，通过了《国际人口与发展会议行动纲领》；1994 年在巴巴多斯举行第一届联合国小岛屿发展中国家可持续发展国际会议，通过了《巴巴多斯行动纲领》；1995 年在北京举行的第四届世界妇女大会，通过了旨在加速《内罗毕战略》的《北京宣言》和《行动纲领》；1996 年在伊斯坦布尔举办的第二届联合国人类住区会议；1996 年在罗马召开的世界粮食首脑会议，通过了《世界粮食安全罗马宣言》。

上述会议的内容并不具有创新性。在 20 世纪 90 年代之前，国际会议也讨论过这些内容，并分别就这些问题发表各种宣言和承诺。但是这些会议仍然具有其意义，主要在于以下两个方面：第一，其通过的决议内容非常详细，并且具有时间和具体指标的约束力；第二，上述会议在各国政府中引起了强烈反响，并引起各国政府的高度关注。

20 世纪 90 年代国际形势的变化对发展理念也有影响。一是"冷战"结束终结了世界两极化的体系；二是随着全球化的发展，在先进的信息和通信技术推动下，各国政府之间的国际交流也逐渐适应了网络化、立体化的协作模式。上述条件的变化，都为千年发展目标的最终制定和执行铺平了道路。很多国家开始意识到，在一个相互依存的全球化时代，要解决自身的社会和经济发展问题、生态环境问题乃至人权问题，不能单靠一国的力量，其解决之道都离不开在国际社会中开展合作和交流。这种整体观和全局意识也反映在这一时期所公布的各项宣言和协议之中。

到 20 世纪 90 年代末，在联合国框架下，国际社会就发展议题达成了一系列广泛共识，这也为《千年宣言》（Millennium Declaration）的提出铺平了道路。在千年发展目标的指标体系中，很多具体指标设定都来自各个国际会议所达成的共识。

三 21 世纪以来联合国发展议题的进展

进入 21 世纪，联合国在发展问题上迈入了新的阶段。以联合国千年发展目标为代表，在发展问题的国际多边治理体系框架内，联合国逐步演化出可参与、可量化的可执行发展观，并第一次系统地提出一套有完成时间约束力的发展指标体系，即千年发展目标。随着 2015 年的到来，联合国又提出了"尊严之路"发展观，围绕着可持续发展的核心议题，提出了可持续发展目标（Sustainable Development Goals，SDGs）。

第一，可参与、可量化的可执行发展观。2000 年 9 月 5 日，在美国纽约举行的第 55 届联合国大会即千年峰会（Millennium Summit）上，来自 189 个国家的代表一致通过了《千年宣言》（大会第 55/2 号决议），从 8 个方面指明了人类社会在 21 世纪所面临的发展任务。该宣言成为 21 世纪联合国千年发展目标最终制定和实践的依据。宣言文件内容共包括 8 个不同方面：①价值和原则；②和平、安全与裁军；③发展与消除贫困；④保护我们的共同环境；⑤人权、民主与善政；⑥保护易受伤害者；⑦满足非洲的特殊需要；⑧加强联合国。① 上述 8 个方面内容彼此密切相关，同时也是联合国三大支柱安全、发展与人权彼此间密切联系的现实反映，体现出联合国致力于消除贫困、促进发展和保护环境的决心。在该宣言的第三部分，有关发展与消除贫困的内容强调，将"帮助我们十亿多男女老少同胞摆脱目前凄苦可怜和毫无尊严的极端贫穷状况。我们决心使每一个人实现发展权，并使全人类免于匮乏"，并指出其具体通过"在国家层面及全球层面创造有助于发展和消除贫困的环境"来进行实施。② 该部分从原则上提出，到 2015

---

① 联合国：《千年宣言》，http：//daccess – dds – ny. un. org/doc/UNDOC/GEN/N00/559/50/PDF/N0055950. pdf？OpenElement，最后访问日期：2015 年 3 月 3 日。

② 联合国：《千年宣言》，http：//daccess – dds – ny. un. org/doc/UNDOC/GEN/N00/559/50/PDF/N0055950. pdf？OpenElement，最后访问日期：2015 年 3 月 3 日。

年底以前要解决就业、贫困、饥饿、医疗、教育、环境及妇女权利等问题。① 在《联合国注重成果的方针：执行联合国〈千年宣言〉》中，时任联合国秘书长安南指出："国际社会刚刚走出承诺的时代，进入执行的时代，需要我们调动必要的意愿和资源，履行承诺。"②《千年宣言》所列目标大多并非新目标，它们源于20世纪90年代的全球会议以及过去半个世纪中编纂的国际标准和国际法，此外，实现这些目标所需的行动计划大多已经制定并由会员国在国际组织内或国际会议上个别或集体通过。③

在此会议结束后，由联合国主导，世界银行集团、经济合作与发展组织等其他国际多边组织配合成立了联合工作组，就《千年宣言》中有关第三部分发展问题以及第四部分环境保护的部分议题进行了更为详细的量化目标制定工作。2001年，联合国秘书长在《千年宣言进程路线图》中正式提出了有关发展的8项目标，即千年发展目标，并佐以18个可量化的具有时限性的目标及48个指标。④

---

① 联合国：《千年宣言》，http：//daccess－dds－ny.un.org/doc/UNDOC/GEN/N00/559/50/PDF/N0055950.pdf？OpenElement，最后访问日期：2015年3月3日。

② 联合国联合检查组：《联合国注重成果的方针：执行联合国〈千年宣言〉》，多里丝·贝特兰德撰稿，2002年2月，第6页，https：//www.unjiu.org/zh/reports－notes/JIU%20Products/JIU_REP_2002_2_Chinese.pdf，最后访问日期：2015年3月3日。

③ 《执行〈联合国千年宣言〉的进行图》，A/56/326，http：//www.un.org/zh/documents/view_doc.asp？symbol＝A/56/326，最后访问日期：2015年3月3日。

④ 这8项目标具体是指：消灭极端贫穷和饥饿；普及初等教育；促进男女平等并赋予妇女权力；降低儿童死亡率；改善产妇保健；与艾滋病毒/艾滋病、疟疾和其他疾病做斗争；确保环境的可持续能力；全球合作促进发展。

此后，联合国于 2002 年在墨西哥蒙特雷举行联合国国际发展筹资会议，会议提出发达国家和发展中国家应建立新型伙伴关系，通过开放市场、公平贸易、增加官方发展援助并调动国内经济资源等措施，为落实千年发展目标构建全面筹资保障。同年 8 月 26 日，联合国在南非约翰内斯堡举行的世界可持续发展问题首脑会议成为里约会议以来有关可持续发展的又一次重要会议。来自 192 个国家的 1.7 万名代表围绕全球可持续发展议题的现状、困难和解决方案进行了广泛讨论。大会通过了《政治宣言——约翰内斯堡可持续发展声明》和《可持续发展世界首脑会议实施计划》（以下简称《实施计划》），进一步丰富了千年发展目标的内涵。在《实施计划》中，大会提出了具体环境与发展的行动目标，并要求会员国各自采取具体实施步骤，为更好地执行《千年宣言进程路线图》各项量化指标提供了指导。[1] 2005 年，联合国在纽约总部举行世界首脑会议，其最终文件指出，发展中国家应"到 2006 年通过并开始实施综合国家发展战略，以实现国际商定的发展目标和目的，包括实现各项千年发展目标"。[2] 这是此次会议的重要成果，标志着千年发展目标从全球目标逐步分解细化到各个国家的国内发展战略之中，进一步提高了千年发展目标的可实施性。此外，在官方发展援助方面，报告重申发达国家到"2010 年，向

---

[1] 《可持续发展问题首脑会议》，联合国网站，http://www.un.org/zh/development/progareas/global/sustainabledata.shtml，最后访问日期：2015 年 3 月 15 日。

[2] 《2005 年世界首脑会议成果》，联合国 60/1 号决议，第 22 段（a），http://daccess-dds-ny.un.org/doc/UNDOC/GEN/N05/487/59/PDF/N0548759.pdf?OpenElement，最后访问日期：2015 年 3 月 3 日。

所有发展中国家提供的官方发展援助一年增加约 500 亿美元……发达国家……到 2015 年实现官方发展援助占国民生产总值 0.7% 的目标，到 2010 年实现官方发展援助至少达到国民生产总值的 0.5%"。①

第二，以人和地球为中心的发展观。2012 年 6 月，联合国可持续发展大会即"里约 + 20"会议在巴西里约热内卢召开，成为继千年峰会后联合国围绕发展问题所召开的最重要会议，为重建发展问题全球进程奠定了良好基础。绿色经济在可持续发展和消除贫困方面所做贡献以及可持续发展框架体制成为此次会议的两大主题。大会通过文件《我们希望的未来》（*The Future We Want*），② 会议上各国代表承诺将继续致力于可持续发展目标的实现。此外会议还授权启动后 2015 发展议程的国际进程。"里约 + 20"会议最主要的一个成果就是会员国同意制定一套行之有效的可持续发展目标以在可持续发展方面采取集中统一行动。"里约 + 20"会议的成果表明，制定可持续发展目标的进程应考虑与后 2015 发展议程的进程协调一致。

在汇集联合国各工作系统、联合国框架下政府间谈判以及其他成果（包括小岛屿发展中国家可持续发展国际会议及国际气候变化谈判等）的基础上，联合国秘书长潘基文于 2014 年 12 月联合国第 69 届会议上提交了后 2015 发展议程的综合报告：《2030 年享

① 《2005 年世界首脑会议成果》，联合国 60/1 号决议，第 22 段（b），http：//daccess - dds - ny. un. org/doc/UNDOC/GEN/N05/487/59/PDF/N0548759. pdf? OpenElement，最后访问日期：2015 年 3 月 3 日。
② 《我们希望的未来》，https：//rio20. un. org/sites/rio20. un. org/files/a - conf. 216l - 1_ english. pdf，最后访问日期：2015 年 3 月 3 日。

有尊严之路：消除贫穷，改变所有人的生活，保护地球》，并与联合国会员进行了深入讨论。该报告以权利为基础，以人和地球为中心，提出了可持续发展的普遍性和变革性议程。①

此外，该报告提出了一体化的 6 个基本因素，以利于构建和强化可持续发展议程并使之在国家层面获得实现，这 6 个因素是：①尊严，消除贫穷和不平等；②人，确保健康的生活、知识，并将妇女和儿童包含在内；③繁荣，发展强有力、包容各方和有转型能力的经济；④地球，为所有社会和我们的后代保护我们的生态系统；⑤公正，促进安全与和平的社会和强有力的机构；⑥伙伴关系，推动全球团结促进可持续发展。② 此外，围绕这六大因素，报告共提出了 17 项具体目标和 167 项相关指标，除了加强致力于未完成的千年发展目标外，可持续发展目标还进一步涵盖了平等、经济增长、体面工作、城市和人类居住区、工业、能源、气候变化、可持续消费和生产、和平、公正和机构等内容。在此体系内，有关环境方面的议题更为丰富，作为执行手段和构建全球伙伴关系的基础，进一步巩固了可持续发展目标。

此外，秘书长在报告中还提出："制定国内生产总值以外的衡量进展替代办法的工作，必须得到联合国、国际金融机构、科学

① 《2030 年享有尊严之路：消除贫穷，改变所有人的生活，保护地球》，第 1 页，http：//www. un. org/en/ga/search/view _ doc. asp？symbol = A/69/700＆referer = http：//www. un. org/millenniumgoals/＆Lang = C，最后访问日期：2015 年 3 月 3 日。

② 《2030 年享有尊严之路：消除贫穷，改变所有人的生活，保护地球》，第 1 页，http：//www. un. org/en/ga/search/view _ doc. asp？symbol = A/69/700＆referer = http：//www. un. org/millenniumgoals/＆Lang = C，最后访问日期：2015 年 3 月 3 日。

界和公共机构的专门关注。这些衡量办法必须明确侧重于衡量社会进步、人的福祉、公正、安全、平等和可持续性。计量贫穷措施应反映贫穷的多层面性质。主观幸福的新计量办法可能是新的重要决策工具。"

2015 年，联合国领导下的国际社会进入新的发展阶段，2015 年可谓定义可持续发展议程的关键一年。在这一年举行的 3 次高级别国际会议推动可持续发展进入全面推进落实的新时代：首先，7 月在亚的斯亚贝巴举行的第三次发展筹资问题国际会议将努力推动建立新型全球伙伴关系；其次，9 月在纽约联合国总部举行的可持续发展问题特别首脑会议，全世界接纳新的发展议程和一套可持续发展目标，标志着人和地球之间关系范式的转变；最后，12 月在巴黎举行的《联合国气候变化框架公约》第二十一次缔约方会议，会员国进一步推动可持续发展议程的实施和落实。

第二节　联合国全球发展议程的演变

后 2015 发展议程设定应建立在现有的全球发展议程的基础之上，唯有如此，才能修正以往议程的不足与缺陷，制定出更符合全球发展现实的发展框架。进入 20 世纪 90 年代之后，联合国先后制定了 3 个全球发展议程，分别为 1992 年《21 世纪议程》提出的环境可持续发展议程、2000 年《千年宣言》确定的千年发展议程和 2015 年第 70 届联合国大会通过的后 2015 发展议程。全球发展议程经历了由定性到定量、由专注单一指标到强调多指标协调发展的转变；而且，这 3 个议程之间并不是相互独立的，而是具有一定的继承性。

一 环境可持续发展议程

1992 年 6 月，联合国环境与发展大会在巴西里约热内卢召开，会议通过了《里约环境与发展宣言》和《21 世纪议程》两个纲领性文件，[①] 以提高国际社会对环境问题的认识深度和广度，强调将环境与经济、社会发展相协调的重要性。其中，《21 世纪议程》标志着联合国第一次把可持续发展由思想理论付诸行动计划，[②] 其因此也成为全人类实施可持续发展战略的根本原则和行动纲领。该议程以环境可持续发展为核心，制定了实现经济、社会和环境可持续发展的目标，并阐明了相应的行动依据、行动内容和实施手段，构成了完整的全球发展议程。

为了实现可持续发展，《21 世纪议程》以环境和经济协调发展为核心，制定了近 40 项总目标，下设很多子目标，涵盖了可持续发展的所有领域。具体来说，在经济可持续发展方面提出了消除贫困和改善消费模式两个总目标；在社会可持续发展方面提出了提高人口素质、健康和疾病控制、改善人类居住环境、弱势群体保护四大目标；在环境可持续发展方面则从大气层、陆地、沙漠、森林、海洋、山区、生物多样性、淡水资源、化学用品、废料处理等各个方面制定了总体目标。但是，由于《21 世纪议程》试图囊括所有的发展目标和方面，这难免导致其目标过多也

① United Nations, "Report of the United Nations Conference on Environment and Development", by Rio de Janeiro, 3 – 14 June 1992, Vol. Ⅰ – Ⅲ.

② United Nations, "Report of the World Summit on Sustainable Development", by Johannesburg, 26 August – 4 September 2002, http://www.un.org/en/ga/search/view_ doc. asp? symbol = A/S – 19/33&Lang = E.

过于分散，从而无法集中有限的人力和财力解决关键和重点问题。而且，该议程对目标的设定存在极大的弹性，除了疾病控制设定了具体的量化指标外，其他目标都只是模糊的定性表述。这固然有利于各国特别是发展中国家根据本国的具体国情选择合适的目标，却不利于后期的监督和审查，缺乏约束力导致有些国家可能会逃避责任、故意拖延甚至采取短视的发展策略。

二 千年发展议程

可持续发展议程提供了一个从 20 世纪 90 年代至 21 世纪的行动蓝图，但其执行情况并不良好，全球的环境危机没有得到扭转、南北差距进一步扩大、官方发展援助不断减少。[①] 国际社会认识到，可持续发展议程实际上只是一个宏伟愿景，而要达成这个长期的愿景需要具体的阶段性执行计划，由此 2000 年联合国推出了千年发展目标（MDGs）。[②]

与全面、定性的可持续发展议程不同，MDGs 仅制定了 8 项总目标，但是，一方面，这 8 项指标包括了经济、社会、环境和国际

---

① United Nations，"Resolutions and Decisions Adopted by the General Assembly during Its Nineteenth Special Session：Program for the Further Implementation of Agenda 21"，19th Special Session Supplement No. 2 （A/S – 19/33），New York，23 – 28 June，1997.

② United Nations，"Report of the World Summit on Sustainable Development：Statement by Nitin Desai，Secretary – General of the World Summit on Sustainable Development"，by Johannesburg，South Africa，26 August – 4 September 2002，http：//www. un. org/en/ga/search/view ＿ doc. asp？symbol ＝ A/S – 19/33＆Lang ＝ E.

合作 4 个方面，基本上完全继承了可持续发展议程的内容；① 另一
方面，该 8 项总目标下设 21 项具体指标，大部分指标都进行了量
化并设定了最后截止时间（2015 年）。而且，MDGs 还设定了 60
个进展监测指标以监督和评估各国 MDGs 的执行情况。MDGs 还明
确指出，其以削减贫困为核心，旨在将全球贫困水平在 2015 年之
前降低一半，这就在很大程度上避免了可持续发展议程目标分散
化的问题。

　　MDGs 推出之后，联合国每年均会通过《千年发展目标报告》
和《千年发展目标进度表》发布 MDGs 的进展。2013 年的报告及
进度表显示，MDGs 自推出后取得了显著的进展，但远未达到令人
满意的效果。首先，MDGs 的总体进展并不乐观，在 144 个监测样
本②中，63 个样本"已经实现或预期将在 2015 年实现"，仅占样本
总数的 43.75%；71 个样本"如保持现有趋势将无法在 2015 年或
2015 年之前实现"，占比高达 49.3%；7 个样本没有进展或有所恶
化，占比约为 4.9%；此外，还有 3 个样本因缺少数据无法做出评
估。③ 其次，MDGs 各具体目标之间进展很不平衡，MDG1 即减贫

---

①　MDGs 的 8 项目标是：消除极端贫穷和饥饿，普及初等教育，促进男女平等并
　　赋予妇女权力，降低儿童死亡率，改善产妇保健，与艾滋病毒/艾滋病、疟疾
　　和其他疾病做斗争，确保环境的可持续能力，全球合作促进发展。MDG1 体现
　　了经济和社会可持续发展，MDG2 ~ 6 体现了社会可持续发展，MDG7 为环境
　　可持续发展，MDG8 是全球发展伙伴关系。
②　评估将全球的发展中国家划分为北非、撒哈拉以南非洲、东亚、东南亚、南
　　亚、西亚、大洋洲、拉丁美洲和加勒比、高加索和中亚 9 个地区，考察 16 项
　　MDGs 指标，因此共生成 9 × 16 = 144 个样本。
③　United Nations, "Millennium Development Goals: 2013 Progress Chart", June,
　　2013, http://www.un.org/millenniumgoals/pdf/report – 2013/2013_progress_
　　english.pdf.

目标是 8 个目标中进步最大的一个，已经提前（2010 年）完成了将全球贫困水平在 2015 年之前降低一半的目标，而 MDG 2 ~ 8 虽有不同程度的改善，却几乎都无法按期完成 2015 年的目标，特别是环境可持续性目标（MDG7）和全球合作目标（MDG8）中的部分指标甚至出现了不同程度的恶化。例如，CO_2 排放量比 1990 年提高了 46%，森林破坏程度和物种灭绝率也呈上升态势；全球金融危机和经济危机的爆发导致 2012 年净双边援助支付额减少了 4%，贸易保护主义也重新抬头。总体而言，社会可持续性特别是减贫取得了较大程度的进展，经济可持续性进展缓慢，环境可持续性进一步恶化，国际合作领域也出现了一定的倒退。[①] 最后，MDGs 在地区之间的进展也很不平衡，除东亚地区有望于 2015 年实现全部目标外，其他地区均无法完全实现，[②] 尤其是撒哈拉以南非洲几乎无法实现任何目标。换而言之，全球大部分发展中国家预计无法如期实现千年发展目标。

三 后 2015 发展议程

MDGs 作为全球发展目标，是引导各国制定国内发展和国际发展合作战略的重要依据。然而，从整体上来讲，MDGs 的成果远未达到其预期目标，这一方面源于其自身设计存在的缺陷，另一方

---

① 笔者根据联合国 2013 年《千年发展目标报告》得出结论。United Nations, "The Millennium Development Goals Report 2013", New York, 2013, pp. 4 - 5。

② 考察的 16 个具体目标，仅东亚地区表现良好——截至 2015 年预计不能实现的目标数为 2 个；北非、东南亚、高加索和中亚、拉丁美洲和加勒比表现一般——预计不能实现目标数为 6 ~ 7 个；南亚表现较差，预计不能实现的目标数为 9 个；而西亚、大洋洲和撒哈拉以南非洲这一数字均超过 10 个，其中撒哈拉以南非洲更是高达 14 个。

面则与瞬息万变的国际环境和各国迥然不同的发展能力有关。随着 2015 年 MDGs 最后截止期的临近，制定后 2015 发展议程被提上日程。2012 年联合国可持续发展大会提出将制定一套以 MDGs 为基础、以可持续发展为核心的可持续发展目标。① 经过两年多的政府间谈判，联合国 193 个会员国 2015 年 8 月就后 2015 发展议程达成一致，并于 9 月召开的第 70 届联合国大会上一致审议通过了 2030 年可持续发展议程，为未来 15 年各国发展和国际发展合作指明了方向，成为全球发展进程中的又一里程碑事件。

毫无疑问，新的 2030 年全球发展议程既参照了以往的全球发展议程的指标设定和机制设计，也结合了国际政治、经济、社会、环境已然存在和未来将会发生的变化。② 唯有如此，设定的新发展目标才能更好地弥补以往发展议程的缺陷，才会更具有适用性和可操作性。事实上，后 2015 发展议程不可能完全脱离环境可持续发展议程和千年发展议程，而是两者的结合及进一步的改进。

第一，指标适用性方面。1992 年推出的环境可持续发展议程本身并未对指标进行量化，且强调各国可根据本国国情酌情实施相关目标，这给予各国极大的自主权，却无法确定各国的责任和义务，因而也无法评判指标的适用性；千年发展议程给所有国家

---

① United Nations General Assembly（Sixty – sixth Session Agenda Item 19），"The Future We Want"，2012 年 9 月 11 日，pp. 46 – 48，http：//www. un. org/ga/search/view_ doc. asp? symbol = A/RES/66/288&Lang = E，最后访问日期：2013 年 1 月 15 日。

② United Nations，" Beyond 2015 "，http：//www. un. org/millenniumgoals/beyond2015. shtml.

制定了完全相同的目标和衡量标准，这既缺乏对发达国家的激励也忽略了最不发达国家的发展能力，因而其相当一部分内容是不切实际且有失偏颇的。后 2015 发展议程则真正具有全球性和适用性。一方面，在相关准则和指标设计上达成了全球性的基本共识，并尽可能地对指标进行了量化；另一方面，又强调各国可以根据本国公民的需要和愿望，充分考虑自身发展水平和发展环境来制定自己的发展目标。①

第二，指标全面性方面。环境可持续发展议程几乎囊括了可持续发展的所有方面，可以为后 2015 发展议程的指标选取提供参考，但也存在目标分散化的缺陷；千年发展议程高度重视减贫，却难免忽略对其他经济、社会、环境指标的关注以及各目标之间的衔接。与此同时，环境可持续发展议程和千年发展议程都无法反映当前国际社会的新问题，如全球金融危机和债务危机、不断加剧的发展不平衡和两极分化问题等。② 后 2015 发展议程既顾及了现有的经济、社会、环境发展问题，又突出了减贫和可持续发展这两个核心目标，而且提出要同时惠及当代以及后代。③

第三，指标可操作性方面。后 2015 发展议程改变了环境可持续发展议程和千年发展议程那种自上而下的目标制定和推进方式，充分考虑了那些直接受影响的弱势群体和被边缘化的群体的利益

---

① 黄承伟等编著《国际减贫理论与前沿问题 2012：迈向 2015 年后的发展模式》，北京：中国农业出版社，2012。笔者据以总结而得。

② Nicole Bates - Eamer et al.，"Post - 2015 Development Agenda：Goals，Targets and Indicators"，the Centre for International Governance Innovation（CIGI），2012，p. 4，http：//sustainabledevelopment. un. org/content/documents/775cigi. pdf.

③ Jeffrey D. Sachs，"From Millennium Development Goals to Sustainable Development Goals"，*The Lancet*，volume 379，2012，pp. 2206 - 2211.

和参与。不仅如此，在每个指标后面，后 2015 发展议程都制定了具体的执行方法和路径，使其更易于操作和监测。[①]

综上所述，全球发展议程是一脉相承的，其核心目标经过了从环境可持续发展目标到千年发展目标再到后 2015 可持续发展目标的调整，其核心议题则由环境保护到削减贫困再到全面可持续发展，最终体现"环境保护是前提，经济发展是根本，社会进步是保障"的理念。

---

① 笔者根据黄承伟等编著的《国际减贫理论与前沿问题 2012：迈向 2015 年后的发展模式》（北京：中国农业出版社，2012 年 10 月）总结而得。

第二章　可持续发展全球伙伴关系概论

　　国际上关于可持续发展全球伙伴关系的概念和内容一直没有清晰的界定。实际上，可持续发展全球伙伴关系是一个全新的理念，是随着后 2015 可持续发展目标的产生而出现的。因此，可持续发展全球伙伴关系的内涵界定与可持续发展目标密不可分。在正式的分析开始之前，本章将先给出本研究对可持续发展全球伙伴关系的界定，探讨可持续发展全球伙伴关系的主体、主要内容，尤其是可持续发展全球伙伴关系的 5 种执行手段及其相关关系、具体内容。在此基础上，本书将围绕这 5 种执行手段及其相互作用关系，分析可持续发展全球伙伴关系的实践和运行，并据此提出相关的政策建议，因此本章是该研究的起点和基础。

第一节　可持续发展全球伙伴关系的内涵

　　可持续发展全球伙伴关系是一种新型的全球发展伙伴关系，其核心是"可持续发展"。进一步而言，它就是指为了实现 2030 年可持续发展目标即 SDGs，全球各行为主体加强在国际发展领域的合作，进而形成的一种全球范围内的发展合作关系。这个定义可以从以下几个方面来理解。

其一，简单来讲，可持续发展全球伙伴关系实际上可以理解为可持续发展目标与全球发展伙伴关系的结合。当然，由于可持续发展目标不同于以往的全球发展目标，因此，已有的全球发展伙伴关系也需要做出相应的调整，以适应新的全球发展需求，因此这里的全球发展伙伴关系不再是传统的全球发展伙伴关系，而是与 2030 年可持续发展目标相匹配的新全球发展伙伴关系。

其二，可持续发展全球伙伴关系的主体。国际发展合作是通过合作主体来实现的，离开了合作主体，国际发展合作也就无从谈起，这些主体就是实施全球发展活动的平台和载体。可持续发展全球伙伴关系的实施主体具有多样性，包括双边主体、全球多边主体、区域多边主体、跨区域多边主体、非政府组织等。全球多边主体协调的是全球多边发展合作关系，在国际发展合作框架中处于主导地位，主要包括联合国（UN）、世界银行（World Bank）、世界贸易组织（WTO）、国际货币基金组织（IMF）、经济合作组织（OECD）等。区域多边主体侧重于区域内部双边或多边关系的维护，是对全球多边主体区域职能的有益补充，较为典型的是区域性的多边开发银行（Multilateral Development Bank，MDB），如亚洲开发银行、非洲开发银行、泛美开发银行、亚洲基础设施投资银行等。跨区域多边主体注重在全球范围内施加本集团的影响，多是经济发展水平或综合实力较为接近的国家之间的联合，如金砖国家开发银行。双边主体和多边主体都是依靠政府部门开展全球发展合作，非政府组织主要包括民间社会团体和私人（跨国）企业，前者多侧重于依靠社会舆论推动全球某一具体领域的发展问题的解决，如世界自然基金会、中国扶贫基金会、乐施会等，是国际发展合作中不可或缺的非政治力量；后者则注重理顺全球价值链上各个环节的关系，是国际发展合作中最重要的市场力量。

其三，可持续发展全球伙伴关系的内容，即国际发展合作的内容或领域。目前的国际发展合作模式起源于 1969 年的《皮尔逊报告》，[①] 其建议发达国家应该向发展中国家提供官方发展援助（Official Development Assistance，ODA）、技术转移、贸易优惠等，以实现全球共同发展。《千年宣言》正式将"全球发展伙伴关系"本身作为第八个目标，以此推动其他 7 个目标。此后，国际社会一直将促进国际发展合作、推动健康、有效的全球发展伙伴关系作为努力方向之一。千年发展目标中的 MDG8 "全球发展伙伴关系"首次明确界定了国际发展合作的具体内容，包括 16 个具体指标，涵盖 5 个领域：官方发展援助、发展中国家在发达国家的贸易市场准入、发展中国家债务可持续性、发展中国家获得基本医药的程度、发展中国家采用新技术的进展。可持续发展目标中的 SDG17 首次界定了可持续发展全球伙伴关系的具体内容，它基本上延续了 MDG8 的主要内容，同时又增加了一些新的议题。具体来讲，SDG17 即可持续发展全球伙伴关系的内容包括：融资、技术、国际贸易、能力建设、系统性问题。其中，融资主要涉及官方发展援助、发展中国家的债务可持续性（债务减免、重组等）、发展中国家的投资促进等；技术主要涉及技术合作、技术共享、技术转让等；国际贸易涉及"多哈回合"谈判和多边贸易体系构建、促进发展中国家的市场准入和出口；系统性问题涉及发展政策和宏观

---

① Lester B. Pearson, "The Pearson Report: A New Strategy for Global Development", UNESCO, 1969。该报告提出发达国家应该每年将它们 0.7% 的 GNI 作为官方发展援助，用于帮助发展中国家。

经济政策协调、囊括多元主体的可持续发展伙伴关系构建、提高发展中国家的数据统计和监测能力等。可见，除了 MDG8 的官方发展援助、贸易、债务、技术之外，可持续发展全球伙伴关系的内容明显更为丰富、全面。

第二节　可持续发展全球伙伴关系的执行手段

一　五种执行手段及相互关系

根据 SDG17 的内容可知，可持续发展全球伙伴关系的执行手段涉及融资、技术、国际贸易、能力建设与系统性问题 5 个方面。这 5 个方面的执行手段是一个完整的系统，环环相扣、循环往复，任何一个环节出现问题，都将影响整个可持续发展全球伙伴关系的构建。进一步而言，我们把可持续发展全球伙伴关系视为一个投入—产出—交换体系（见图 2-1），其中，能力建设即产出能力提高是可持续发展全球伙伴关系最核心、最根本的目标，因为这是投入资源和技术想要达到的最终目的和落脚点，也是交换的来

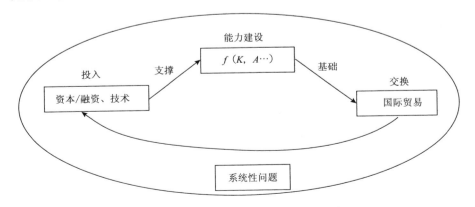

图 2-1　可持续发展全球伙伴关系系统

源和基础。对于广大的仍在接受外援的发展中国家来说，外来援助只能解决暂时性的资金短缺问题，从长远来讲，只有培养和提高自身的发展能力，才能最终摆脱外援，实现自主发展。

当然，在短期内，单纯依靠发展中国家自身的力量，很难实现发展能力的提升，甚至连短期的贫困削减、营养不足、教育落后等问题都无法应对，这需要外部的资金和技术支持，也是倡导可持续发展全球伙伴关系的初衷。外部支持即投入是可持续发展全球伙伴关系的起点，是实现产出能力提高的物质支撑，融资解决的就是国际发展合作的资金来源和投入问题，包括国际发展援助、FDI、债务减免，而技术支持就是发达国家对发展中国家的技术转让与合作。如果没有了资金和技术，那么能力建设、国际贸易、系统性问题的解决以及整个国际发展合作活动就成了无水之源，任何的国际发展承诺和协定都成了空头支票，无法兑现。

能力建设的过程就是投入转化成产出的过程，当产品生产出来以后，就进入市场交换的过程，对外而言就是国际贸易。国际贸易一方面是为了实现互通有无，满足本国的消费需求；另一方面，也更为重要的是，国际贸易可以带来丰厚的外汇收入，以及国外先进的技术，从而满足未来能力建设的资金和技术需求。

在整个可持续发展伙伴关系体系中，系统性问题贯穿于各个环节之中，是其他4个环节有效运行的动力，涉及各国政策协调、多元伙伴关系以及监测问责等。随着全球化的不断深入，任何全球问题都不可能是一国能够任意处理的了，因此国际协调不可避免且十分必要。而且，除了发展中国家日益从国际规则的接受者转变为国际规则的制定者，全球化的主体也早已经不再仅仅是传统的国家，非国家、非政府主体也参与到全球化进程中来。因此，在开展国际发展合作的过程中，必须处理好系统性问题如国际协调与其他发展问题之间的关联性。

首先，系统性问题与融资。在国际发展援助方面，为了确保国际发展援助充足的资金来源，就必须吸引各种发展主体参与到国际援助中来，构建多元化的可持续发展全球伙伴关系，即不仅需要发达国家履行国际援助承诺，还要积极动员其他援助方增加援助资金，甚至还要尽力吸纳各种非政府主体提供发展资金；与此同时，要加强对援助资金来源和使用的监督以及问责，确保资金使用的有效性。而在确保发展中国家的债务可持续性方面，为了避免集体行动困境，债务减免和重组历来就需要所有债权人共同协商解决，国际上也因此制定了许多债权人协调行动的规则和方法；另外，为了保证债务减免和重组的合理性、有效性，数据搜集、统计、分析、监测自然必不可少，问责体系也是一种不可或缺的保证。

其次，系统性问题与技术合作。技术合作的方式包括南北合作、南南合作以及三方合作，其中尤其是三方合作更需要发达国家、新兴经济体与其他发展中国家之间的协调。不仅如此，技术开发、技术转移涉及不同国家、不同政府部门、研究机构、高校、企业之间的交流与合作，更充分体现了多元主体参与的重要性。

最后，系统性问题与国际贸易。多边贸易体系的构建是建立在多边贸易谈判和各种国际规则的基础上的，多边贸易谈判本身就是一种国际协调，无论是规则的形成，还是规则治理本身，都需要国际协调。虽然国际贸易谈判和规则制定是国家行为，但国际贸易的实施则是一种市场行为，是由企业特别是跨国公司来完成的，这就使得国际贸易领域的参与主体也呈现多元化的特征。

此外，WTO 为了促使成员国提高贸易政策和措施的透明度，督促其履行所做的承诺，更好地遵守 WTO 规则，还会对 WTO 成员方的贸易政策和实践及其对多边贸易体制运行的影响进行定期、轮流、全面的监督和审议，这就对全球各国尤其是发展中国家的经济数据系统提出了要求。

当然，系统性问题在促进融资、技术、国际贸易发展的同时，提高了发展中国家的发展能力，从而也推进了全球的发展能力建设活动。

二 五种执行手段的具体内容

（一）融资

据世界银行 2010 年的估计，全球仍然有约 10 亿人生活在绝对贫困线以下，而国际发展援助却存在 500 万亿美元的巨额缺口。2012 年，欧美机构的 3 位经济学家 Amar Bhattacharya, Mattia Romani, Nicholas Stern 给出了一个重要估算：2020 年，全球 161 个发展中国家的整体基础设施投资规模将达到 1.8 万亿~2.3 万亿美元。即使考虑到现有的各种融资来源，届时这一融资需求仍有近 1 万亿美元的缺口难以得到满足。此后，该估算数据在国内外广为引用，是发展中国家巨大融资需求的重要证据。亚洲开发银行的相关估算数据也验证了上述判断：亚洲各经济体基础设施如果要在 2020 年达到世界平均水平，至少需 8 万亿美元基建投资，每年需资金 8000 亿美元，单靠世界银行、亚洲开发银行等国际金融机构无法满足亚洲发展中国家庞大的基建投资需求。正因如此，通过各种渠道增加国际发展合作的资金来源和供给迫在眉睫。

整体来讲，融资即确保发展中国家的发展资金来源主要可采取以下 3 个方面的措施。

1. 官方发展援助

对此，"发达国家应全面履行官方发展援助承诺，即发达国家向发展中国家提供占其国民总收入 0.7% 的官方发展援助，以及向最不发达国家提供占比 0.15% ～ 0.2% 援助的承诺；鼓励援助方设定目标，将占国民总收入至少 0.2% 的官方发展援助提供给最不发达国家"。GNI 的 0.7% 这一援助目标，对于目前援助占 GNI 比重仅有 0.3% 左右的 24 个 OECD 发达国家而言，无疑是一个非常艰巨的任务。与此同时，虽然这里只对发达国家的官方发展援助提出了定量的目标，但并不意味着其他的援助国尤其是新兴援助国无须承担国际发展援助的责任。相反，在发达国家的援助无法满足需求的情况下，其他援助方的作用更为突出，国际期待也愈加高涨。

2. 外资

SDG17 对外资的规定并不多，只提及"应该采取促进最不发达国家的投资促进机制"。如果说官方发展援助通过政府的力量来为发展中国家提供便利且优惠的发展资源，那么外资则通过市场的力量主动吸引发展资金和技术。这两种方式都是从"开源"角度确保发展资金供给。

3. 债务可持续性

SDG17 "通过政策协调，酌情推动债务融资、债务减免和债务重组，以帮助发展中国家实现长期债务可持续性，处理重债穷国的外债问题以减轻其债务压力"。20 世纪 80 ～ 90 年代以来，随着主权债务的大规模增加，主权债务违约的风险也在不断上升。主权国家债务违约带来一系列严重问题，不仅影响本国经济发展，还可能波及其他国家和地区。庞大的外债和沉重的债务负担是发展中国家长期贫困的原因之一，债务减免和重组从"节流"角度缓解发展中国家的发展资金短缺困境。其中，债务减免以直接削减债务国的债务存量为主，同时附有一套相应的结构调整计划，而债务重组虽然也涉及对债务国的债务减免，但其主要的功能还在于调整债务国的支付期限和支付条件。国际上已经形成了一系列债务减免和重组方案，一定程度上帮助发展中国家缓解了债务负担，避免了债务危机的爆发和蔓延。其中，债务减免方案主要有重债穷国动议（Heavily Indebted Poor Countries Initiative，HIPCI）和多边减债计划（Multilateral Debt Relief Initiative，MDRI），债务重组方案主要有巴黎俱乐部（Club de Paris）、伦敦俱乐部（Landon Club）、集体行动条款（Collective Action Clauses，CACs）等。

（二）技术

可持续发展全球伙伴关系在技术方面的要求主要包括 3 个方面。①知识共享。"加强在科学、技术和创新领域的南北、南南、三方的区域合作和国际合作，加强获取渠道，加强按相互商定的条件共享知识，包括加强现有机制间的协调，特别是在联合国层面加强协调，以及通过一个全球技术促进机制加强协调。"②技术转让。"以优惠条件，包括彼此商定的减让和特惠条件，促进发展中国家的技术开发以及向其转让、传播和推广环境友好型的技术。"③技术应用。"到 2017 年，促成最不发达国家的技术库、科学技术和创新能力建设机制全面投入运行，促进科技特别是信息和通讯技术的使用。"

技术方面目前最大的问题就是技术转让，尤其是环境友好型技术的转让。发达国家对环境污染特别是温室气体排放，以及发展中国家的贫困负有历史性责任，有义务以优惠条件向发展中国家转让技术。然而，发达国家常常用知识产权保护的借口拒绝向发展中国家转让技术，或在提供技术时附加各种苛刻的条件。国际社会多次呼吁，发达国家应切实消除对技术转让的诸多限制，但没有效果。在信息和通信技术使用方面，发展中国家每百人拥有的电话数从 2000 年的 4 个增加到了 2011 年的 80 个，因特网使用率从 1.5% 上升到 24%；但发达国家和发展中国家之间的"数字鸿沟"依然存在且呈扩大趋势。仅从数量上而言，2001 年发达国家每百人固定宽带使用者为 2.5 人，发展中国家为 0 人，两者差距为 2.5 人；而 2011 年前者为 25 人，后者仅为 4 人，两者之间的差距扩大为 21 人；两者移动宽带之间的差距则更大。况且，即使数量相同，发展中国家信息和通信技术的质量也远远落后于发达国家。①

目前，技术方面的合作主要还是南北合作，国际组织在其中也发挥着重要作用，近几年南南技术合作正在成为南北技术合作的重要补充。在国际组织中，技术合作活动较多、较为典型的主要是世界银行和联合国开发计划署，前者声称将致力于成为一个"知识银行"，后者是世界上最大的多边技术援助机构。国际组织开展技术合作的方式有分析和咨询服务、技术援助、示范项目实施和管理等。发达国家的技术合作方式主要有技术援助、派遣专

① United Nations, "The Millennium Development Goals Report 2012", New York, 2013, p. 65.

家、人员培训、专项方式技术合作、与科研机构和高校合作等。南南知识合作并非仅仅采取发展中国家之间合作的形式，而大多都有发达国家特别是国际组织的参与和支持。因此，可以将南南知识合作的形式分为南—南双边合作，以及南—国际组织—南和南—北—南三方合作。

（三）能力建设

为了确保发展规划的制定符合可持续性和其实施的有效性，发展中国家必须具备制定和实施良好的发展规划的能力。能力建设就是通过人员培训、政策咨询、技术援助等方式，帮助发展中国家建立良好的制度，提高其制定和实施发展政策的能力。为此，应"加强国际社会对在发展中国家开展高效的、有针对性的能力建设活动的支持力度，通过开展南北合作、南南合作和三方合作，支持各国落实各项可持续发展目标的国家计划"。世界银行、IMF、联合国（如 UNDP）都建立了专门的能力建设机构或小组，支持发展中国家的发展能力建设。能力建设最重要的方式就是人才培训，特别是公共部门人员可持续规划、实施和管理发展进程能力方面的培训，这也是国际组织非常重视的一种方式。

（四）国际贸易

反对贸易保护主义，推进贸易自由化，构建公平、透明、无歧视的多边贸易体系一直是全球贸易治理的主要目标。SDG17 进一步强调，"通过完成多哈发展回合谈判等方式，推动在 WTO 框架下建立一个普遍的、基于规则的、开放、非歧视和公平的多边贸易体系"。为了实现这一目标，全球贸易伙伴关系集中于关注和解决以下 3 个问题。其一，多边贸易规则的制定。多边贸易规则是确保国际贸易有序进行的重要法律基础，制定多边贸易规则就是通过多边贸易谈判和对话，在货物贸易、服务贸易等贸易领域制定一套合理的规则框架，用于规范各国的国际贸易活动，以尽可能地避免各种贸易争端。目前的主要任务就是重启并继续推动"多哈回合"谈判顺利进行下去，以此作为贸易规则制定的平台。其二，消除贸易保护主义，推进贸易便利化和自由化进程，即"按照 WTO 的各项决定，尽早实现最不发达国家的所有产品永久免关税和免配额地进入国际市场"。其三，"大幅增加发展中国家的出口，尤其是到 2020 年使最不发达国家在全球出口中的比例翻番"。

（五）系统性问题

可持续发展全球伙伴关系中的系统性问题包括三方面的内容：政策和体制一致性，多元伙伴关系，数据、监测和问责。政策和体制一致性最核心的就是要加强全球各国的可持续发展政策以及宏观经济政策之间的协调和一致性，既包括发达国家和新兴经济体之间的经济政策协调，也包括两者与贫困的发展中国家之间的政策协调，后者则事关广大发展中国家的发展主导权问题。在经济全球化背景下，一国（主要是开放中大国）的宏观经济政策通常具有很强的"传递效应"和"溢出效应"，因此一国的宏观经济政策不可避免地会对其他国家的宏观经济发展产生影响，正如别国的经济政策会影响本国内部的宏观经济一样。因此，为了更好地在全球范围内实现可持续发展目标，迫切需要协调各国的可持续发展政策和宏观经济政策。2008 年全球金融危机之后，全球经济政策协调的重要性被 G20 历次峰会一再强调。不过，G20 所强调的经济政策协调侧重于宏观经济政策，例如，财政政策协调、货币政策协调、汇率政策协调，对于发展政策协调并未提及。长期以来，在发展领域，发达国家和新兴经济体之间的对外发展政策和实践都遵循各自不同的原则和做法，彼此之间缺乏协调与合作，这不仅影响了彼此对外发展活动的有效性，而且给受援方造成额外的管理成本。与此同时，援助方在开展发展活动时，往往忽略受援方的参与和自主权，甚至会出现"喧宾夺主"的状况，这也会严重削弱对外发展活动的效果。有鉴于此，必须重视发展政策的一致性，为此需要加强各国之间的政策协调。

构建多元的发展伙伴关系就是要动员一切利益攸关方，鼓励和推动建立有效的公私部门伙伴关系和民间社会伙伴关系，共同收集和分享知识、技能、技术和资金，一道支持所有国家尤其是发展中国家实现可持续发展目标。数据、监测和问责制度建设本质上是能力建设的一种，任何发展目标都必须有相应的监测、评估和问责机制才能使各国明确差距，调整和改进发展政策，从而实现预期目标。而监测和问责的基础又是可获取的数据，因此，SDG17 明确指出，要支持发展中国家的统计和计量能力建设，协助其获取高质量、及时和可靠的数据。

第三章 国家间合作与可持续发展 全球伙伴关系的构建

全球发展伙伴关系在国家间（双边）合作的主要手段，是官方发展援助（ODA）。正如第二章所分析的，从内容上 ODA 可以分为无偿援助、有偿贷款、技术援助、人力资源开发等——在这里，ODA 不但是直接的融资手段，而且也和技术合作紧密联系，同时又与双边贸易规则、基础设施建设、教育等能力建设手段密切相关。因此，对国际双边合作，我们将以 ODA 为主线进行介绍。同时，尽管我们是以 ODA 为主线，但是在这条主线中，我们会融入对国际贸易、能力建设、技术合作的分析，并且以系统性问题作为思路，将上述 4 个执行手段，作为一个有机整体来进行阐述。

第一节　官方发展援助的界定

由于本章将对比分析发达国家援助国和新兴援助国之间不同的援助体系在特征、方式、效果方面的差异，所以首先需要对官方发展援助，尤其是不同援助主体进行界定。

一 官方发展援助的定义

目前国际上最常用的"官方发展援助"的概念是由 OECD 发展援助委员会（Development Assistance Committee，DAC）定义的。DAC 所定义的官方发展援助是指发达国家的官方机构（包括国家、地方政府的管理及其执行机构）以促进发展中国家的经济发展和福利改善为主要目的，向发展中国家或多边开发机构提供的赠款（grants）或赠予成分①不低于 25% 的优惠贷款（OECD，1991）。上述定义体现发达国家的官方发展援助具有以下特点：①援助的主体是官方机构，因而不包括非官方机构以及非政府组织所提供的援助；②援助的对象是发展中国家或多边开发机构；③援助的目的是帮助发展中国家发展经济和改善福利，因此不包括军事援助以及各种间接形式的援助；④援助的财政条件有严格的限制，除无偿援助外，每笔贷款的条件必须是减让性的，贷款中的赠予成分不低于 25%。②

中国等新兴援助国并未采用 DAC 关于"官方发展援助"的界定。中国通常称官方发展援助为对外援助（foreign aid），是指中国的官方机构向发展中国家或多边机构提供的无偿援助、无息贷款和优惠贷款，旨在帮助发展中国家提高自主发展能力，促进施受

---

① 赠予成分的计算公式如下：

$$GE = 100 \times \left(1 - \frac{r/a}{d}\right)\left[1 - \frac{\dfrac{1}{(1+d)^{aG}} - \dfrac{1}{(1+d)^{aM}}}{d(aM - aG)}\right], \ r \ 为年利率；a \ 为每年偿$$

付次数；d 为获益率，即贷款期内的贴现率，一般按综合年利率的 10% 计算；G 为宽限期，第一次贷款支付期至第一次偿还期之间的时间；M 为偿还期，政府贷款应实际偿还的年份，是使用期与宽限期之差。

② 张郁慧：《中国对外援助研究（1950～2011）》，中共中央党校，2006，第 14 页。

双方的共同发展和互利共赢。[①] 中国的对外援助主要有 8 种方式：
成套项目、一般物资、技术合作、人力资源开发合作、援外医疗
队、紧急人道主义援助、援外志愿者和债务减免。

二　官方发展援助的主体

鉴于下文将对比分析发达国家援助国和新兴援助国之间的援
助特征和效果，因此需要对这两类援助主体进行界定。任何援助
模式的实施都需要特定的援助主体，OECD 数据库中将官方发展援
助的主体分为 DAC 成员国、非 DAC 国家/地区及其他国家，其他
国家并未详细列出国家名单（见表 3 - 1）。Manning（2006）[②] 和
Kragelund（2008）[③] 均根据非 DAC 国家/地区是否分别属于欧盟和
OECD 成员，将非 DAC 援助主体分为 4 类国家/地区：第一类为既
属于欧盟又属于 OECD 的国家/地区，包括捷克、匈牙利、波兰和
斯洛伐克；第二类为属于 OECD 但不属于欧盟的国家/地区，包括
冰岛、韩国、墨西哥和土耳其；第三类为属于欧盟但不属于 OECD
的国家/地区，包括保加利亚、塞浦路斯、爱沙尼亚、拉脱维亚、
立陶宛、马耳他、罗马尼亚和斯洛文尼亚；第四类为非欧盟和非
OECD 成员国的国家/地区，包括部分 OPEC 成员国[④]（科威特、阿

①　笔者根据《中国对外援助》白皮书总结得出。
②　Manning, R. Will, "'Emerging Donors' Change the Face of International Co - operation?", *Development Policy Review*, 2006, 24（4）：371 - 385.
③　Kragelund, P., "The Return of Non - DAC Donors to Africa: New Prospects for African Development?", *Development Policy Review*, 2008, 26（5）：555 - 584.
④　OPEC 成员国包括阿尔及利亚（1969 年）、印度尼西亚（1962 年）、伊朗（1960 年）、伊拉克（1960 年）、科威特（1960 年）、利比亚（1962 年）、尼日利亚（1971 年）、卡塔尔（1961 年）、沙特阿拉伯（1960 年）、阿拉伯联合酋长国（1967 年）和委内瑞拉（1960 年），括号内为加入时间。

拉伯联合酋长国、沙特、委内瑞拉）和其他 9 个国家/地区（中国、印度、巴西、俄罗斯、南非、古巴、泰国、以色列、中国台湾）两大类。与 Manning（2006）和 Kragelund（2008）基于政治团体的分类标准不同，Smith、Fordelone 和 Zimmermann（2010）[①]根据非 DAC 援助主体的共同特征把它们分为三类：第一类是新兴

表 3 - 1　官方发展援助主体的分类

	DAC 成员国	非 DAC 国家/地区	其他国家		
国家名单	澳大利亚、奥地利、比利时、加拿大、捷克、丹麦、芬兰、法国、德国、希腊、冰岛、爱尔兰、意大利、日本、韩国、卢森堡、荷兰、新西兰、挪威、波兰、葡萄牙、西班牙、斯洛伐克、瑞典、瑞士、美国、英国	保加利亚、中国台湾、塞浦路斯、伊斯塔尼亚、匈牙利、以色列、科威特、拉脱维亚、列支敦士登、立陶宛、马耳他、罗马尼亚、俄罗斯、沙特、斯洛文尼亚、泰国、土耳其、阿拉伯联合酋长国	中国、印度、巴西、南非、智利、墨西哥、委内瑞拉、爱沙尼亚、哥伦比亚、古巴、埃及		
		非 DAC 援助主体			
		准 DAC 援助主体	新兴援助国	阿拉伯国家	其他国家
		除泰国和阿拉伯国家之外的非 DAC 国家以及爱沙尼亚、智利、墨西哥	中国、印度、巴西、南非、委内瑞拉、哥伦比亚、泰国	科威特、阿拉伯联合酋长国、沙特	古巴、埃及等

资料来源：作者根据相关资料整理归纳制作。表中"其他国家"一列为作者自己填写。

---

① Smith, K., Fordelone T. Y., and Zimmermann, F., "Beyond the DAC: the Welcome Role of Other Providers of Development Co - operation", OECD Development Co - operation Directorate, 2010.

援助国（Emerging donors），多为欧盟的新成员国，主要包括捷克、匈牙利、波兰、斯洛伐克、爱沙尼亚、斯洛文尼亚、以色列、俄罗斯和土耳其；第二类是"南南合作"伙伴国家，包括中国、巴西、印度、南非、哥伦比亚、埃及、泰国、智利和墨西哥；第三类是阿拉伯援助国，包括科威特、沙特和阿拉伯联合酋长国。

　　参考上述分类，并考虑数据来源的便捷性和可行性，我们将依据援助特征对援助国进行如下分类①。第一类，DAC 成员国。从表 3-1 可以看出，按照 OECD 的分类，捷克、斯洛伐克、冰岛、波兰、韩国 5 国应该属于 DAC 国家，我们尊重这一分类标准，将其与其他原有 DAC 国家统一作为 DAC 成员国，代表下文中提及的发达国家援助国。第二类，准 DAC 援助主体。这些国家/地区遵循与 DAC 成员国类似的准则，援助模式与 DAC 国家具有很大的相似性。包括俄罗斯、匈牙利、保加利亚、塞浦路斯、爱沙尼亚、拉脱维亚、立陶宛、马耳他、罗马尼亚、斯洛文尼亚、土耳其、以色列、伊斯塔尼亚、列支敦士登、中国台湾、智利和墨西哥。第三类，新兴援助国。这类国家的对外援助主要采取"南南合作"形式，与 DAC 的援助准则存在很大差异，包括中国、印度、巴西、南非、委内瑞拉、哥伦比亚、泰国。第四类，阿拉伯国家。具有自身援助特征，既不同于 DAC 国家又异于上述新兴援助国，包括科威特、阿拉伯联合酋长国、沙特。第五类，其他国家，包括古巴、埃及等。

---

① 从总体上来讲，本文将 OECD 的非 DAC 成员和其他国家/地区统称为非 DAC 援助主体，这样，援助国从大类上就可以划分为 DAC 成员国和非 DAC 援助主体，之后再对非 DAC 援助主体进行细分。

第二节 发达国家官方发展援助的经验与成效

由于发达国家援助国与新兴援助国在官方发展援助中遵循不同的原则和做法，因而形成了截然不同的特点，其官方发展援助的效果也大相径庭。发达国家的官方发展援助始于美国1947年的"马歇尔计划"，该计划的主旨是通过帮助欧洲恢复正常的经济生活来维持欧洲的和平与稳定，并且遏止共产主义在欧洲的扩张。在整个"冷战"期间，官方发展援助几乎完全作为美苏双方拉拢第三世界国家、扩充自身势力范围的政治筹码而存在。"冷战"结束后，援助逐渐成为发达国家对外政策的重要组成部分，是各国谋取国家利益的重要工具之一。当然，在追求自身国家利益的同时，各援助国也将官方发展援助作为应对全球贫困问题、实现联合国全球发展目标的重要手段之一。

一 发达国家官方发展援助的特征

官方发展援助受到政治、经济、外交等多方面因素的共同影响。由于政治体制、经济发展水平、历史文化等存在差别，发达国家援助国和新兴援助国的对外援助呈现出不同的特点，突出表现在其援助动机、援助对象、援助领域、援助方式和援助管理等方面的差异。

（一）援助动机

援助动机大致上可分为"供给导向型"和"需求导向型"两种，发达国家援助国和新兴援助国分属不同的类别。具体到每个援助国，它们又有各自特殊的动机。总体来讲，发达国家援助国的援助活动多属于"供给导向型"，与国家利益紧密联系在一起，这在"冷战"中表现得尤为明显。"冷战"结束后，各发达国家援助国根据自身发展需求制定了发展援助战略，充分体现了其国家利益。具体到各个援助国来看，美国的对外援助以实现其全球战略利益为核心，是其国家对外政策的三大支柱之一。日本认为，国际发展合作要符合日本的长远利益并是其外交政策的重要组成部分，因此，其对外援助以经济利益和拓展外交空间为重心。日本 ODA 宪章明确指出，亚洲地区对日本的安全和繁荣具有重大意义，是日本对外援助的重点区域。其中，东亚是重中之重，南亚地区重点促进民主化和市场经济化。中东地区由于是日本的能源供应地，重点促进社会稳定。欧盟对外援助整体上以欧洲价值观和传统殖民关系为依据，其中，英国发展援助试图恢复其在欧洲和前英属殖民地的"霸主"地位，法国的对外援助重视法国形象以及法国文化的宣传，德国对外援助以发展商业利益为突出特征，北欧国家对外援助越来越倾向于支持欧盟东扩。作为新的 DAC 援助国，韩国的对外援助遵循和传统 DAC 援助国相似的规则，其对外援助主要投向临近的亚洲，以确保韩国的稳定和繁荣；同时，韩国正逐渐提高对非洲和南美洲的援助，以扩大韩国的国际影响力。

（二）援助对象

发达国家援助国的援助对象在很大程度上体现了其援助动机，例如，美国发展援助的重点在其"后院"拉美地区和具有重要战略意义的亚洲地区；与其 ODA 宪章相一致，日本的对外援助基本集中于亚洲特别是东南亚地区以及资源丰富的非洲和中东地区；英国将南亚和非洲的英联邦国家视为援助的主要对象，印度是英国最大的双边援助对象国；法国则以它的海外省、海外领地和前殖民地为主，集中于非洲地区；德国的援助对象包括亚洲、非洲、拉丁美洲和欧洲的 58 个发展中国家，特别是撒哈拉以南非洲地区以获取商业利益；北欧国家的援助从原来的"国际主义倾向"转移到现在的"区域主义（或欧洲主义）倾向"，即紧缩对第三世界国家的援助，加大对地中海沿岸和波罗的海沿岸国家的援助；亚太地区一直是韩国发展援助的主要受益地区。

（三）援助领域

总体来讲，发达国家援助国的援助主要集中于社会基础设施和服务部门。表 3 - 2 显示，1960～2009 年，DAC 各国对社会基础

表 3 - 2　DAC 国家和日本的国际援助领域分配

单位：%

援助领域	DAC（1960～2009 年）	DAC（2010～2012 年）	日本（1960～2009 年）	日本（2010～2012 年）
社会基础设施和服务	30.3	39.4	20	24.1
经济基础设施和服务	16.4	16.4	34.8	43.1
生产部门	11.2	7.5	14	8.2
多部门/跨部门	5.2	11.1	3.4	10.2
商品援助/一般项目援助	9.2	3.3	6.4	3.9
债务相关援助	10.2	3.4	10.7	0.6
人道主义援助	5	8.4	1.2	4.6
其他援助	12.5	10.5	9.4	5.3

资料来源：OECD/DAC CRS 数据库。

设施和服务的援助占总援助的比例平均为 30.3%，2010～2012 年，该比例进一步上升，为 39.4%，美国和英国更高达 50%；相对而言，经济基础设施和服务的占比要低很多，1960～2012 年，其占比平均为 16.4%，与社会基础设施和服务之间的差距呈不断扩大趋势；生产部门援助的占比相对较小且进一步下降，1960～2009 年其占比约为 11.2%，2010～2012 年则下降至 7.5%；多部门/跨部门援助、商品援助/一般项目援助、债务相关援助、人道主义援助及其他援助的占比相对更小。可见，社会基础设施和服务越来越成为发达国家的重点援助部门，而经济基础设施和服务及生产部门等领域的受援比例则在缩减。

但是，不同援助国的援助领域分配又存在一些差别。美国援助最大的支出项目是对人的投资（属于社会基础设施和服务部门），包括医疗、教育、社会经济服务等，其中最大的是医疗支出；其次为和平与安全支出，略低于对人的投资。至于欧盟各国，英国、法国和德国的官方发展援助均大量投入于社会基础设施和服务部门，远远高于其对经济基础设施和服务部门的援助占比，且主要集中在医疗和教育领域；其次为多部门/跨部门（英国为经济基础设施和服务部门），涉及环境保护、性别平等、人权等问题。社会基础设施和服务部门也是瑞典和挪威最大的援助类别，同时，两国也非常重视难民援助，这是与其他援助国的不同之处。日本和韩国是 DAC 援助国中援助领域较为特殊的国家，它们在经济基础设施和服务部门的援助支出远高于其在社会基础设施和服务部门的支出，但对后者的支出有不断增加的趋势。

（四）援助方式

在援助方式方面，双边援助一直是发达国家提供援助的主要方式，1995 年以来其占比基本均在 70% 以上，多边援助占比很小。这主要是因为一些援助国对多边机构援助的绩效不甚满意，转而通过附加条件的双边援助扶持受援国，同时也体现了援助国希望通过援助增强其政治影响力和外交主动性的意图。在发达国家援助国的双边援助中，赠款是最重要的援助方式，即使是优惠贷款方式，其优惠程度也很高。然而，需要指出的是，在日本双边援助中，日元优惠贷款的方式居主要地位，日本是 DAC 成员国中优惠贷款在双边援助总额中占比最高的国家。较高的贷款比重体现了日本在对外援助中所强调的"自助"和"自给自足"理念。而法国的政府优惠贷款占比也相当大，仅次于日本。在多边援助方面，美国、日本、韩国以及北欧国家（主要是挪威、瑞典）的多边援助主要流向联合国系统和世界银行集团，并主要投入其下的国际开发协会。欧盟绝大部分资金都用于双边援助，在其占比极小的多边援助中，2/3 提供给了联合国机构，另外 1/3 提供给了世界银行。欧盟组织是其成员国最重要的多边援助对象。除欧盟外，英国和德国也为世界银行提供了大量的多边援助，而法国则为联合国系统提供了大量援助。

比较而言，双边援助是援助国直接拨款给受援国，效率相对较高，也便于监督和评估，但附加条件较多，更多地体现了援助国的政治、外交等动机；多边援助有利于整合和协调各国的援助资源，提高援助的有效利用率，且附加条件相对较少，基本上是无偿援助方式，更多体现的是发展动机和人道主义关怀，但审核周期较长，援助金额也非常有限。

从援助的具体方式来看，DAC 援助国的国际援助中赠款所占的比例相对较大，且该占比越来越大，贷款援助的比例则有较大幅度的下降。由图 3-1 可以看出，自 1995 年以来，DAC 国家的赠款占比均在 50% 以上，甚至曾一度上升到接近 90%，之后便一直保持在 80% 左右；而贷款占比则从期初的 40% 以上下降到了 20% 左右，最低时甚至仅占约 10%。具体来讲，1995～2006 年，除 2003 年的小幅下降外，赠款占比一直呈上升趋势，从 1995 年的 54.7% 上升到了 2006 年的 89.3%；2006～2013 年，该占比出现缓慢下降的态势，至 2013 年已降到 78.6%，尽管如此，仍远远高于 1995 年的占比。然而，1995～2006 年，贷款占比则一路迅速下降（2003 年除外），从 1995 年的 44.8% 下降到 2006 年的仅 10.1%；2006 年以后，该占比虽然出现了上升态势，但上升非常缓慢，一直到 2013 年仍然仅为 20%，远低于 1995 年的水平，两者相差高达 24.8 个百分点。

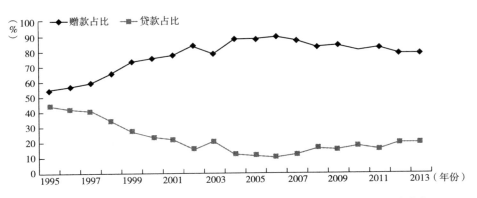

图 3-1　DAC 国家赠款和贷款援助占总 ODA 的比重（1995～2013 年）
资料来源：OECD/DAC CRS 数据库。

（五）援助管理

对外援助管理的总体框架包括援助的法律和政治基础、援助一致性（协调）、组织机构设置、执行、监督和评估等诸方面的内容。发达国家援助国已经基本形成了相对完善、系统的对外援助管理体系，并且根据实际情况的变化不断进行改革。在法律和政治基础方面，大多数发达国家援助国都制定了发展援助方面的相关立法或战略指导文件，确定援助的优先事项和目标，保证援助方案的顺利实施。其中，美国、日本、瑞典、英国及欧盟组织都通过法案或宪章的形式对援助事宜做了规定，法国和德国通过发展援助战略指导文件予以规定，挪威则主要通过其对外援助白皮书体现发展援助政策，韩国作为新加入的 DAC 成员国，迄今为止尚未制定一部发展援助的总立法，而只发布了一系列独立、分散的援助综合规划，并不能充分指导其援助政策的制定和援助活动的开展。

在援助一致性方面，除法国和德国的援助管理体制较为分散和复杂外，其他发达国家援助国的内部和外部协调机制相对较为完善。从内部协调来看，大部分发达国家援助国具有完善的跨部门协调机制，各援助部门之间、援助部门与非援助部门之间的协调较好。美国设立了对外援助指导办公室，其在协调各政府部门的援助方面发挥了重要作用；日本通过机构扁平化和按地区管理援助的方式提高其援助机构的"协同"；英国建立了跨部门的协调机制强化部门间政策的一致性；挪威成立了独立的政策协调委员会监督、分析和报告其对外援助政策的协调情况；瑞典则以立法确保援助的协调并通过建立一系列员工网络，将不同部门的员工联系起来。从外部协调来看，发达国家援助国大多建立了外部协调机构，发达国家援助国之间、与多边机构之间、与受援国之间的联系较为密切。例如，美国 USAID 与其他政府机构、援助国、受援国均建立了广泛的合作伙伴关系，在实施援助的过程中彼此交流援助经验，增强了援助的有效性；日本于 2008 年签署了关于发展政策一致性的《OECD 宣言》，承诺通过效应分析确保在援助国和受援国之间以及 OECD 援助国之间都有较好的政策协调；欧盟的外部关系总署（Directorate – General for External Relations）负责制定外部关系政策，协调与国际组织以及超过 120 个海外代表团的关系；挪威正致力于建立一个负责对外援助政策一致性的系统；瑞典则积极加强与受援国在援助效果方面的沟通和反馈；韩国也通过其外交通商部（Ministry of Foreign Affairs and Trade，MOFAT）加强与其他 DAC 援助国的联系。

在组织机构设置方面，总体来讲，主要的发达国家援助国援助机构和援助活动的独立性较高。目前，发达国家援助国采取的最普遍的组织机构模式是由某个部门①制定援助政策，另设独立的机构负责援助政策的执行。其中，美国、德国是由独立于外交部的某个部门制定政策，另有独立的机构负责执行；而日本、法国、挪威、瑞典则是由外交部制定对外援助政策，另有独立的机构负责执行；英国则设立了一个独立于外交部的专门机构负责其发展援助政策的制定和执行。而且，很多发达国家援助国加快对基层组织的权力下放，组织机构设置具有分权化的特点。日本实施了"基层导向型"管理，通过加大基层投入和利用当地员工加快权力下放；欧盟、德国通过机构改革将管理权下放到多个外地代表团；英国创造性地实行了"集权和分权"的管理模式，广泛地开展权力下放；挪威增加了对大使馆权力下放的力度，扩大了大使馆在具体执行上的灵活性；瑞典则通过将拨款权授予更多的当地部门

---

① 该部门可能属于外交部，也可能独立于外交部。

和向当地配置更多员工实现分权。

在援助政策执行方面，大部分发达国家援助国均采取了"结果导向型"管理指导其援助活动的执行，如美国、德国、挪威、瑞典等。在援助的监督和评估方面，大部分发达国家援助国非常重视援助的监督和评估，且监督和评估职能的独立性较强。美国USAID 在 2005 年专门建立了一个评估分支机构——发展信息和评估中心（Center for Development Information and Evaluation）对所有重要的发展援助项目进行系统性评估，强化评估对发展援助的促进作用；英国的监管和评估机构主要分为政府机构和私人机构，政府机构主要是国际发展部内部创立了援助有效性独立咨询委员会以改进评估的独立性，私人机构主要是国际发展委员会（International Development Committee，IDC）和公共账户委员会（Public Account Committee，PAC），前者监管发展援助的政策和法规，后者监管发展援助工作的有效性；德国、瑞典、日本则设立了独立的评估部门，此外，日本还引入"外部咨询会议"对 ODA 进行独立的第三方评估，以此保证评估的独立性和透明度。

二 发达国家官方发展援助的经验

在长期的发展援助实践过程中，发达国家积累了丰富的援助经验，如构建系统、完善的援助管理体系、加强援助国之间的协调、重视民间社会团体的作用等。这些经验为国际社会特别是新兴援助国开展对外援助提供了有益的借鉴。

（一）构建了系统、完善的援助管理体系

正如前文所述，发达国家援助国普遍构建了较为系统和完善

的援助管理体系，为援助工作的顺利开展奠定了坚实的基础。其一，制定援助法案，并利用政策鼓励和宣传，为援助提供法律依据和政治基础。其二，加强援助部门及其他相关政府机构之间的协调，并实施"结果导向型"管理以更好地管理整个援助进程。其三，在受援国当地建立多个办事处，赋予其一定的自主权，并不断加大分权力度，从而使援助更加符合受援国的实际情况和发展需求。其四，建立独立、透明的监督和评估体系，确保援助资金的有效利用和项目的顺利进行。

（二）重点援助民生领域

发达国家援助国认为，关注基础设施、生产部门等"硬环境"虽然能带来经济效益，但对贫困人口的生活和就业起不到很好的作用。因此，其援助重点关注的是民生领域，如医疗、教育、环境等社会"软环境"，旨在为经济发展营造良好的社会环境。为了促进民生部门的发展，发达国家和国际组织采取了一系列措施。其一，加大对该领域的资金投入；其二，开展技术援助，并利用具体的援助项目加强与受援国在医疗、环保等领域的先进技术的开发、利用方面的合作；其三，加快受援国的能力建设，特别是进行相关领域的人才培训。同时，通过与受援国政府共同开展项目的设计、决策、监督和评估等活动，使其逐步具备独立运作项目的能力，提高项目执行和管理水平。

（三）援助方之间的联系较为紧密

发达国家援助国非常重视彼此之间的联系和合作，并建立了一些协调机制确保定期的交流。多数援助方每年会召开国际援助咨询会或研讨会，召集各援助方共同探讨未来合作的领域和方式，确定一定时期内的援助方向，也会在受援国联合支持一些规模较大的项目。越来越多的援助方开展联合评估，加强与其他援助国、国际组织及受援国的联系。

（四）重视发挥民间社会团体的作用

民间社会团体往往规模庞大，具有很强的政治影响力，在发展援助中发挥了重要作用。发达国家援助国都积极支持民间社会团体组织的发展，与它们建立牢固的合作伙伴关系并积极与它们对话。通常，发达国家会对民间社会团体的援助方案进行全部或部分资助，也会参与民间社会团体援助项目的执行。

三　发达国家官方发展援助的成效

自发达国家援助国的对外援助产生以来，其援助效果就受到各方关注。鉴于援助效果将直接影响各援助方的援助政策和援助数额，援助国、国际组织及相关领域的学者从不同角度提出了各种衡量方法，试图对发达国家的援助效果进行客观、全面的衡量和评价。其中，学术界主要是从援助经济学角度衡量发展援助的成效，这也是新兴援助国倡导的标准，而发达国家援助国和国际组织则主要是从"援助有效性"角度衡量发展援助的成效。

（一）从援助经济学角度衡量发展援助的成效

援助经济学主要从受援国的角度，考察援助对受援国 GDP、投资、消费和就业等主要经济变量的影响。根据已有研究①可知，发达国家援助国的发展援助在促进受援国的经济发展、削减贫困、战后重建和恢复等方面发挥了重要作用，但由于其附加条件性、援助资金的分配和使用不合理等原因，其并未发挥应有的作用。

1. 传统援助的有效性

很多发展中国家由于资金匮乏，无力通过自身的力量获得发展。在外国援助的帮助下，它们可以利用援助资金投资，以此带动就业、消费和出口；可以减少因贫穷而死亡的人数，改善他们恶劣的生存和生活环境；甚至可以充分发挥自己的"后发优势"，大幅缩短技术进步所需的时间。此外，援助对脆弱地区和国家的发展和重建也可发挥积极作用。Cassen 等（1986、1994）的研究表明，大约有一半的援助项目是有效果的，其余的项目即便失败了，也只有极少数项目为当地带来了危害；Collier 和 Hoeffler（2004）特别分析了 17 个国家在战后第一个 10 年里的重建情况发现，援助在这些国家对经济增长所起的作用远远高于其他国家；在调查了 58 个国家 1965～1999 年的情况之后，Chauvet（2005）指出，援助能够帮助脆弱性较高的国家抵御外部的政治和经济风险。

2. 传统援助的无效性

发达国家国际发展援助的有效性一直受到质疑。早在 1969 年，世界银行的皮尔森报告就承认了国际发展援助的低效性。至今，在援助数量迅速增加的同时，很多受援国却仍然处于极端贫困之

---

① 鉴于已有研究几乎都是以 DAC 成员国为研究对象，因而这里所说的从援助经济学角度衡量的援助效果主要是指 DAC 援助国的援助成效。

中，发达国家的对外援助并未达到其所承诺的发展目标。究其原因，主要是由于传统的发展援助存在以下问题。首先是捆绑性援助的问题。很多援助国在向受援国提供援助时，会附加许多限制性条件。大约有 70% 的政府援助直接施惠于援助国本身的私人公司与专家，因为这些公司接受政府的合同，负责提供第三世界某些发展项目所需的专利和技术，所以援助的款项实际上付给了这些私人公司（韦伯斯特，1987）。其次是援助资金的走向问题。援助并不一定是给予最需要援助的国家，而是给予更有偿还能力、更有经济振兴前景的国家，这些国家从长远来看更可能成为西方的稳定的市场。Schraeder、Hook 和 Taylor（1998）通过研究流向非洲的资金，否定了有关援助国利他主义的说法；Alestina 和 Dollar（2000）也发现，决定援助资金流向的更多的是殖民地历史和联合国的投票方式，而不是受援国的政治制度或经济政策。再次是为政治目的而进行的援助不能有效地促进受援国的经济增长。传统国家的发展援助带有极强的政治色彩，与国家利益联系紧密。美国前 USAID 副署长 Lancaster 曾毫不讳言地说，"对外援助作为美国干预的一种象征，在维和外交中作用更重要"，是"以价值观为基础的外交的一个组成部分"，即遵循"美国安全"、"解决全球性问题"和"输出价值观"这三个标准。关于德国对华援助的研究也表明，国际发展援助政策日趋实用化，而消除贫困这一国际发展援助最根本的目标被淡化（林燕，2001）。56 个国家 1970～2001 年的数据表明，双边援助在"冷战"之前和之后对于受援国的效果都要优于"冷战"期间的影响，这主要是因为援助在"冷战"时期服务于援助国的全球地理政治利益，而并非受援国的经济发展（Headey D.，2007）。最后是忽略受援国的自主权，偏离受援国的社会经济发展需求。Birdsall（2004）将忽略受援国的自主权视为影响援助效果的七宗罪之一。

（二）从"援助有效性"角度衡量发展援助的成效

所有 DAC 国家都签署了《关于援助有效性的巴黎宣言》（Paris Declaration on Aid Effectiveness，以下简称《巴黎宣言》），承诺遵守主事权（Ownership）、一致性（Alignment）、协调（Harmonisation）、结果导向型管理（Managing for Results）和相互问责制（Mutual Accountability）五项原则，并尽快实现其下的 12 项具体指标，以提高援助的有效性。《巴黎宣言》第一次明确提出"援助有效性"理念，此后便成为发达国家衡量其援助效果的重要标准。DAC 在 2006 年和 2008 年运用《巴黎宣言》的 12 项指标对 2005 年和 2007 年主要发达国家援助国的发展援助进展进行了测评，发布了两份《巴黎宣言》执行情况监督报告。由报告可以看出，2005~2007 年，主要发达国家援助国的对外援助有效性总体有所提高，但在某些方面表现欠佳。具体来看，与国家优先政策一致的援助占比略有提高；可预测的援助、无附带条件的援助占比显著提高，一些援助国（如英国、德国等）已实现完全无条件的援助，同目的的援助执行机构的数量显著下降。然而，使用受援国的采购系统及使用共同安排或程序提供的援助占比均略有下降，通过受援国的国家公共财政管理系统提供的援助占比也保持不变，这说明受援国的主事权仍未受到足够的重视。与此同时，各援助国在 12 项指标方面的表现差异较大。例如，在协调性方面，法国、英国、德国在该方面的援助占比增幅较大，且英国、德国已达到其 2010 年的目标，而挪威虽也已达到目标，但其占比降幅较大；在避免同目的的援助执行机构方面，大多数援助国都大幅减少了平行执行机构（PIUs）的数量，但挪威 PIUs 则增加很多；在共同安排和程序的使用方面，英国、德国、日本通过共同安排和程序提供的对外援助占比大幅增加，英国已达到其 2010 年的目标，但法国在该方面的援助占比则下降较多；在援助国之间的联合分析方面，法国、挪威采用联合分析的援助占比大幅增加，且均已达到各自所设定的 2010 年的目标，① 而日本的该项占比则出现了较大幅度的下降。

第三节　新兴经济体官方发展援助的经验与成效

近几年，特别是金融危机之后，新兴援助国提供的官方发展援助日益增加，在国际发展援助舞台的影响力也越来越大，更重要的是，新兴援助国遵循与传统发达国家援助国截然不同的援助模式，这对现有的发达国家主导的国际援助体系构成了极大的挑战。那么，与发达国家援助国相比，新兴援助国的援助模式究竟有什么不同？两种模式是否都能够促进受援国的经济增长？对这些问题的解答不仅能够进一步完善国际发展援助理论，而且能够厘清人们对国际发展援助的质疑和误解，关乎国际发展援助效果的改进乃至整个国际援助体系的改革，具有重大的理论意义和现实意义。

一　新兴援助国官方发展援助的特征

（一）援助动机

虽然新兴援助国在对外发展援助中也追求自身政治、外交或

---

① 英国也已达到目标，但其占比保持不变。

经济等利益，但总体来讲，它们的对外援助更多属于"需求导向型"。发达国家援助国在对外援助中往往附加政治、人权、环境保护等条件；新兴援助国特别是发展中国家的外交原则是以"万隆原则"为基础制定的，主要体现为和平共处五项原则，在对外发展援助中，平等互利、互不干涉他国内政是它们特别强调的原则。在新兴援助国中，金砖国家援助国（BRICS）的对外援助一般不附加任何经济条件，其对外援助的主要目标是促进受援国的经济发展，更多带有"南南合作"的性质。具体来讲，巴西发展援助是其"南南合作"的重要组成部分，是无任何政治意图、无条件的，主要目标是充分利用自身人力和技术资源，促进南南合作，并以此建立其新兴国家力量的角色；俄罗斯以千年发展目标作为对外援助的主要目标，同时还关注民主化、冲突等问题；印度对外援助的具体特点主要表现为"互利合作、经验分享"，反对有条件的援助；中国对外援助始终遵守的主要指导原则是对外援助"八项原则"，主要目标是促进受援国的经济发展和社会进步，推进南南合作和地区稳定；南非对外援助的主要目标是促进南南合作，同时还包括促进经济发展、预防冲突和促进民主化。

　　在具体提供援助时，发达国家援助国的"供给导向型"援助一般会附加条件，严格规定援助的使用，有干涉他国内政之嫌；而新兴援助国的"需求导向型"援助对援助资金的使用限制很少，这固然充分尊重了受援国的自主权和发展需求，但也存在援助被滥用的危险。因此，既尊重受援国的自主权，又确保援助资金的合理、有效利用，是所有援助国应当着重考虑的问题。

（二）援助对象

新兴援助国的援助对象主要集中于周边的发展中国家以及非洲国家，更多体现了睦邻友好合作关系和全球减贫目标。其中，巴西的援助对象主要是周边的拉美国家，其次是非洲国家；印度对外援助的大部分受援国为邻国，其次为非洲的发展中国家；南非的受援国也主要是周边国家；中国的对外援助对象集中于亚洲和非洲的发展中国家；俄罗斯的援助对象则比较分散，主要包括周边国家、非洲国家、中东和拉美国家。

（三）援助领域

与发达国家援助国重点关注社会基础设施和服务部门不同，新兴援助国最关注的是经济基础设施和服务部门及生产部门。如，巴西援助的领域主要集中在农业，俄罗斯集中于能源，印度主要集中于农业、基础设施和交通运输等部门，中国对外援助项目则主要分布在农业、工业、经济基础设施、公共设施等领域。这说明在对外援助中，新兴援助国更关注项目的经济效益，希望通过具体的项目培养受援国最基本的发展能力。

（四）援助方式

新兴援助国的援助方式与发达国家援助国存在很大差异。不同于上述发达国家援助国的援助方式，新兴援助国中不同类型国家采取的方式不同。例如，印度和中国的对外援助主要通过传统的双边渠道提供，而巴西、南非和俄罗斯大部分对外援助则是通过多边援助方式提供的。在资金供给方式方面，政府优惠贷款是新兴援助国对外援助的主要方式，但优惠程度远低于发达国家援助国。具体来讲，俄罗斯的对外援助方式主要包括无偿援助和政府优惠贷款两类；印度主要包括政府优惠贷款、赠款、附加条件的无偿援助；中国主要有无偿援助、无息贷款和政府优惠贷款三类；南非援助资金类型比较单一，主要是贷款。在具体的援助方式方面，新兴援助国的对外援助主要通过项目援助、技术合作及债务减免等方式来实现，这不同于传统发达国家援助国注重方案援助的方式。

（五）援助管理

与发达国家援助国完善的对外援助管理体系相比，新兴援助国现有的对外援助管理体系存在诸多问题，未来将面临一系列重大的改革。在法律和政治基础方面，到目前为止，大部分新兴援助国的对外援助尚无统一的立法，现有援外制度体系主要以一些零散的部门规章为主体。在援助一致性和组织机构设置方面，首先，新兴援助国普遍缺乏整体性的发展援助方案，援助政策之间、援助政策与非援助政策之间常常会产生冲突，严重影响援助政策的实施效果。其次，统一的对外援助管理机构可以确保对外援助政策的一致性，避免各部门之间的政策相互矛盾甚至与整个国家总体的发展战略相悖，可以集中有限的人力和资金以提高援助的效率、避免政策或任务重复带来的资金和效率损失等。然而，很多新兴援助国缺乏独立的对外援助管理机构，其援助活动是由某些政府部门兼管的，这些部门可能缺乏制定援助政策的经验，往往导致援助政策不合时宜或与其他政策相混合，既影响政策的实施效果又无法对援助进行评估；有些援助国的援助是由多个部门同时管理的，权责不明确，这会导致援助资金分配和使用的分散化，而且不同部门之间的利益冲突常常导致援助效率低下、援助成本高昂甚至滋生腐败。最后，缺乏与其他部门、非政府部门之间的协调与合作机制，各部门之间的协调难度和协调成本较大；与此同时，对外援助活动较少参考国际发展援助的规范和做法，也很少与其他援助国以及多边援助机构合作，有时可能会与其他援助方的援助活动相矛盾，给受援国带来很大的交易成本，对外援助的有效性也因此大打折扣。在执行方面，由于对外援助由多个部门执行，因而难免出现重复执行或权责不明确等问题。在监督和评估方面，忽略对援助的监督和评估，且缺乏系统、有效的援助监督和评估体系，特别是信息公布和获取机制很不完善，迫切需要建立独立、透明的监督和评估体系。

二 新兴援助国官方发展援助的经验

新兴援助国在对外援助过程中形成了具有自身特色的模式，在向其他发展中国家提供援助的过程中发挥了重要的作用，因而在国际援助市场引起了广泛的关注，其援助原则和经验也成为国际发展援助的重要参考。

（一）尊重受援国的平等地位，强调共同发展

在南北援助关系中，施受双方的关系是不对等的，援助国始终处于主导地位，受援国的自主权没有得到应有的尊重。传统的发达国家援助国总是试图在援助中附加种种条件，其中最为典型的即"民主"和"良治"，试图在受援国输出自己的价值观念和国家制度。与此相反，新兴援助国对其他发展中国家的援助活动更

多体现为"南南合作"形式，它打破了传统的施援与受援的关系，充分尊重受援国的平等地位，强调互利共赢和共同发展。新兴援助国始终主张在援助中不附加任何政治条件，而由受援国自愿选择是否参考和借鉴其发展经验，并探索适合本国国情的发展道路。

（二）重点援助经济基础设施和生产部门

新兴援助国以全球减贫作为发展援助的核心目标，所以在提供对外援助时，主要关注经济基础设施和生产部门，以期为受援国提供经济发展所需的最基本的硬件环境，加强发展能力建设，培养其自主发展能力。这对于极端贫困的受援国来讲尤为重要。一国在经济发展的不同阶段所需要的发展要素不同，经济较为贫困的国家（如最不发达国家）急需的是改善基础设施，因而新兴援助国的援助领域相对更为适合；而中等低收入水平的受援国急需的是良好的经济和社会发展环境，因而传统发达国家援助国对民生领域的关注较为适合。忽略受援国的发展水平和具体国情去考虑援助方式和援助领域是不合理的，也必将影响援助的有效性。

（三）重视减贫经验和其他发展经验的交流和共享

新兴援助国也曾面临与受援国当前类似的发展问题，在减贫和经济发展方面，它们有许多可以与受援国分享的经验。在对外援助中，新兴援助国往往会通过提供政策咨询和建议、研讨会、人员培训等方式，与受援国分享其在减贫和发展方面的经验。从理论上来讲，发达国家也有一些发展经验可以与受援国分享，但并未引起施受双方的重视，而且，发达国家常常提出私有化、结构性调整等所谓的发展经验，这些经验并不适于发展中国家的经济发展。

三 新兴援助国官方发展援助的成效

在考察其援助的成效时，新兴援助国大多坚持"发展有效性"原则，强调援助对经济发展和削减贫困的作用，即侧重于从援助经济学的角度衡量援助的成效。整体来讲，新兴援助国官方发展援助对受援国经济增长和减贫的效果比发达国家要好很多，国际评价也相对正面，特别是中国的对外援助。例如，在减贫方面，联合国发布的《千年发展目标 2015 年报告》显示，全球极端贫困人口已从 1990 年的 19 亿人降至 2015 年的 8.36 亿人，其中中国的贡献率超过 70%。外媒评论称，全球在消除极端贫困领域所取得的成绩主要归功于中国。《发展与全球化：事实与数据》报告认为，中国和印度为世界贫困人口减少做出了重大贡献。

"发展有效性"是从实际的实施结果出发衡量援助的实际效果，是名副其实的援助有效性，应当成为衡量援助效果的根本标准，但是，"援助有效性"强调援助自身操作方法和程序的合理、有效，也是提高援助效果必不可少的部分。因此，在坚持"发展有效性"标准的同时，也要考虑"援助有效性"指标。需要指出的是，其一，"发展有效性"标准并不是完美无缺的，需要根据实际情况不断改进。例如，联合国可持续发展大会（2012 年）提出要构建可持续发展标准，这意味着"发展有效性"的参照标准将由之前的千年发展目标转向可持续发展目标，以更好地反映发展过程中的新问题、新挑战。其二，实施"援助有效性"原则将使一国面临政治、政策和实施等方面的挑战，如需要在部门之间重新分配援助资源、需要调整人力资源管理、改革援助实施程序等，这往往与该国的政治目标和某些利益集团的利益相悖，从而可能对援助本身乃至本国政治、经济造成不良影响。因此，新兴援助国必须根据本国援助实践，适当参考"援助有效性"指标，不可照搬发达国家援助国设定的条件和标准。

第四节　国际发展援助与可持续发展全球伙伴关系及其未来发展

国际发展援助通过影响可持续发展全球伙伴关系的 5 种执行手段来推进其进展。反过来，为了适应新的全球发展目标和新型全球发展伙伴关系，国际发展援助也需要做出相应的调整，以更好地推动可持续发展全球伙伴关系的构建以及 2030 年发展议程的如期实现。

一　国际发展援助与可持续发展全球伙伴关系

（一）　国际发展援助与融资

发达国家每年约提供 1200 多亿美元援助给发展中国家，对于大部分发展中国家来讲，这些援助仍然是其发展资金的重要来源。国际发展援助主要通过提高援助总额、吸纳新的援助主体、拓展新的融资方式等途径来增加发展融资。首先，援助总额增加了。自 2002 年关于发展融资问题的《蒙特雷共识》签署之后，发达国家的援助规模和占比整体上均出现较大幅度的上升，DAC 援助国的援助支付额[①]从 2002 年的 612.34 亿美元上升到了 2014 年的

---

① DAC 公布的援助的实际支付额数据仅有 2002 以后的数据。

1081.22 亿美元。

其次，新的援助主体成为重要的融资来源。一方面，发展中国家特别是中国、俄罗斯、印度、南非、巴西等新兴援助国近年来加大了对外援助的投入力度，对外援助增长迅速，引起了援助各方的极大关注。据 OECD《2011 年发展合作报告》估计，2009 年中国对外援助总额为 19 亿美元左右，巴西为 3.6 亿美元，俄罗斯为 7.85 亿美元，印度 2009～2010 财年的援助额为 4.88 亿美元，南非 2009～2010 财年的援助额为 1.09 亿美元。虽然与发达国家相比，新兴援助国的援助总额还很小，但未来发展不容忽视，特别是新兴援助国中提供援助最多、受援国范围最为广泛的中国。另一方面，非官方发展援助的占比也逐渐增加。在 OECD 公布的援助总额中，2004～2014 年，私人部门和民间社会团体的援助在总援助中的占比从 4% 上升到了 11.8%。

最后，新的融资方式拓展了融资来源。联合国发展融资大会曾指出，须确保发展中国家不断且可预测地从所有来源获得足够融资，以推动可持续发展。在传统官方发展援助难以增加的情况下，创新性融资机制能够为发展调动额外的资源，以补充传统发展资金的不足。目前正在考虑或已经实施的创新融资方式主要有全球货币交易和能源使用税（Global taxes on currency transactions and energy use）、机票团结税（Solidarity taxes on air tickets）、先进市场承诺（Advance Market Commitments，AMC）、主权财富基金（Sovereign wealth funds）、SDR 等。① 作为传统资金的一种补充，创

---

① 黄梅波、陈岳：《国际发展援助的创新融资机制分析》，《国际经济合作》2011 年第 4 期。

新融资对发展援助所起的作用越来越大，但每种融资方式都有其优势和劣势，在选择时要综合考虑这些融资方式的政治可行性、融资潜力、融资速度、额外性、可预测性和可持续性等。

（二）国际发展援助与技术合作

OECD 没有专门的技术援助类别，但技术援助贯穿于各个援助领域中。例如，在生产部门援助中，援助方会与受援方之间就某一部门（如农业）的专门技术共同开展研发工作，还会帮助受援方掌握较为先进的技术，培养相关的技术人员。农业一直是技术援助的重点领域之一，援助方通过帮助受援国建设农业示范中心、农业技术试验站和推广站，派遣农业专家和技术人员，培训受援国农业部门的官员和技术人员，等等，帮助受援国提高农业技术水平、增加粮食产量、促进农业发展。再如，在经济基础设施援助中，援助国通常会向受援国转让信息和通信技术、经济体制改革相关的技术，如世界银行就曾通过技术援助项目支持中国会计制度的现代化改革、养老金制度改革、金融体制改革等。另外，在跨部门援助中，能源和环境保护领域的技术援助最多，包括清洁能源技术的应用，环境保护技术的研究、转让及应用，环境保护人员的教育和培训，等等。例如，2010 年，日本国际协力机构支持了一项灾害风险管理和气候变化方案，该方案把太平洋和加勒比的小岛屿发展中国家召集到一起，建立了由高素质专家组成的支持网络，由这些专家协助制定政策，并就缓解风险提供咨询；欧盟委员会欧洲对外行动局则启动了核生化及放射性材料英才中心举措，旨在通过设在非洲、中东和亚洲的 8 个次区域中心，建立联合行动能力；巴西在非洲开发银行的支持下，在撒哈拉以南非洲分享其在国家能源独立和生产生物燃料方面的经验。

（三）国际发展援助与能力构建

一方面，技术援助本身就是发展能力构建的一种方式，而融资更为发展中国家的发展能力建设奠定了坚实的物质基础；另一方面，国际发展援助还会通过其他途径促进发展中国家的发展能力构建。具体而言，其一，经济基础设施援助。对于很多发展中国家尤其是极为贫困的发展中国家来讲，经济基础设施落后是限制其生产和交换（尤其是国际贸易）的关键甚至是决定性条件。经济基础设施援助主要投向受援国的基础设施建设，如改善其交通运输和仓储条件，完善其通信设施，提供金融、保险等各方面的商业服务，等等，基础设施条件的改善将直接降低受援国的固定成本和可变成本，为生产创造更好的环境，提高生产能力。与此同时，生产成本的降低将提高受援国的比较优势，扩大其出口赢利空间，从而促进其出口总额的增加和贸易能力的改善，反过来进一步促进发展能力的构建。

其二，社会基础设施援助。社会基础设施援助主要是对民生领域的援助，如援助教育（包括初等教育、中学教育、高等教育、职业教育等）、医疗、公共部门治理等。从长远来看，援助受援国的教育就是为其培养科技人才，提高其劳动力的整体素质，而高素质的劳动力是提高受援国发展能力的支撑。与此同时，援助受援国的公共部门，如帮助其反腐败、强化法治、实现公平正义、提高公民参与度等，从而提高公共部门的治理能力，进而增强其制定和实施可持续发展政策的能力，实现构建受援国发展能力的目标。

（四）国际发展援助与贸易

国际发展援助与贸易之间的关系最明显地体现在"促贸援助"（Aid for Trade，AfT）。国际贸易被视为经济增长的"发动机"，其在发展中国家的减贫和经济增长中能够发挥非常强有力的作用。然而，很多发展中国家的对外贸易面临许多内外部挑战。外部挑战主要包括出口目的国的关税和非关税壁垒、贸易补贴等；内部挑战主要为自身脆弱的生产能力、低质量的基础设施建设、烦琐的对外贸易程序、制度约束等。为了帮助受援国克服对外贸易面临的内部挑战，扩大出口，2005 年，第六届 WTO 部长级会议正式启动了"促贸援助"行动，自此之后，OECD 和 WTO 一道积极倡导援助国增加"促贸援助"，DAC 成员国的 AfT 承诺额也由 2005年的 230 亿美元增加到 2014 年的 500 多亿美元。①

根据众多学者和援助机构对"促贸援助"的界定，"促贸援助"主要包含 6 个类别，分别为：第一，援助与贸易相关的基础设施；第二，援助生产能力建设；第三，贸易便利化援助；第四，援助贸易政策和管理；第五，贸易自由化援助；第六，援助人力资源。这 6 类大致上可以归纳为四大类，即与贸易相关的基础设施援助（Trade – related Infrastructure Aid）、生产部门援助（Production Sector Aid）、贸易政策和管理援助（Trade Policy and Regulations Aid）、贸易发展援助（Trade Development Aid），分别通过贸易成本效应、需求结构效应、贸易自由化效应、贸易环境效应作用于受援国的国际贸易（见图 3 – 2）。② 有

---

① 数据为承诺额，不是支付额，数据来源于 OECD/DAC CRS 数据库。
② 详细分析请参考黄梅波、朱丹丹《国际发展援助的出口多样化促进效应分析》，《财贸经济》2015 年第 2 期。

研究指出，"促贸援助"的确能够增加受援国的出口总额，改善其贸易结构，并最终促进受援国的经济增长（Osakwe，2007；Munemo，2011；Cali and Te Velde，2011；Helble et al.，2012；Nowak - Legmann et al.，2013；黄梅波、朱丹丹，2014、2015；等等）。

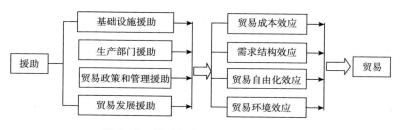

图 3 - 2　援助与贸易之间的传导机制

二　国际发展援助未来发展

后 2015 发展议程提出之后，SDGs 取代 MDGs 成为全球的发展目标，且可持续发展全球伙伴关系也将取代原来的全球发展伙伴关系，开启国际发展合作的新模式。为了适应这些变化，国际发展援助也必须做出调整，以更好地契合新的全球发展需求。

（一）援助目标：逐渐从 MDGs 向 SDGs 转变

截至 SDGs 出台之前，实现 MDGs 一直是国际发展援助的政策导向和根本目标。即使在 SDGs 出台之后，实现 MDGs 尤其是其减贫目标仍然是很多贫困的发展中国家的首要目标。所以在一段时期内，MDGs 仍然是国际发展援助的目标指南。然而，MDGs 主要适用于贫穷国家，标准相对较低，而 SDGs 为所有国家设定了发展目标，这些目标在 MDGs 的基础上提出了更高标准，并且更为全面地涉及了现有的发展问题。换言之，SDGs 吸取了 MDGs 的长处，尽可能地弥补 MDGs 的不足，以更好地符合全球和各国发展的现实，实现全球可持续发展。这就意味着，随着受援国经济发展水平的逐步提升，发达国家也可能成为受援国，SDGs 无疑将替代 MDGs 成为各国制定发展政策的核心依据，国际发展援助政策的制定和援助目标的设置也必然由参考 MDGs 逐渐过渡到 SDGs。

（二）援助主体：新型全球发展伙伴关系建立

目前，国际发展援助体系仍然由发达国家主导，新兴市场国家的地位虽然有所上升，但仍然仅仅起到补充作用，两者的援助活动几乎是相互独立、彼此缺乏协调的，与此相对应，受援国的地位虽有提高但不显著；与此同时，一国的援助活动仍然主要由政府部门主导，非政府部门的作用虽有增加但仍然有限。在未来的国际发展援助体系中，从援助国的角度来看，新兴市场国家的地位和作用将进一步上升，其援助理念和原则将对传统援助体系产生重要影响；发达国家援助国和新兴援助国有关国际援助的协调与合作将明显增加。此外，在更有效地发挥政府部门作用的同时，非政府部门将得到更多的扶持并在援助中发挥更重要的作用。从受援国的角度来看，其在发展援助中的地位将会不断提升，对援助与本国发展问题将持有更大的主动权和最终决定权，施受双方将建立平等的合作关系，而不仅仅是援助和受援的关系。最终，国际发展援助将建立包括传统援助国、受援国、新兴援助国、多边机构、私人部门、民间社会团体等所有市场主体的、全面的伙伴关系。各市场主体责任有别但相互协作、相互促进，共同推进援助和发展进程，以尽早实现可持续发展目标和整个人类的和谐、可持续发展。

（三）援助方式：多边援助的作用进一步上升，知识合作愈加重要

多边援助机构不仅是提供发展援助资金的主要渠道，而且是政策咨询、技术服务及发展研究的核心机构，同时也是国际发展援助协调工作的核心部门。近十几年来，通过多边渠道提供的援助净额占比总体呈上升趋势，而通过双边渠道提供的援助净额占比则呈下降趋势。各方普遍认为，要实现经济、社会与环境的可持续发展，就必须在国家、区域和全球层面上加强协调，现有机制内部和相互之间均应加强协调，形成合力。① 由此可以预见，在以后的国际发展援助中，多边援助额占比及其作用将进一步上升，对双边援助的影响也将增大。不过，资金援助在多边援助中的作用将日益下降，未来多边援助将主要侧重于知识合作，特别是联合国系统和世界银行在知识合作中的作用将进一步凸显。不仅如此，知识合作在双边援助中的占比也将继续增加，且以能力建设和技术援助为主要方式。

（四）援助资金：更多新型融资机制将产生，援助成为贸易与 FDI 的催化剂

传统的公共援助资金与实际的援助需求存在很大的缺口，因而援助国必将不断探索新的援助资金来源渠道。未来，官方发展

---

① 沙祖康：《通向里约之路——2011 中国可持续发展论坛开幕式致辞》，《中国人口·资源与环境》2012 年第 1 期。

援助（ODA）额占比将呈下降趋势，私人部门和民间社会团体等非政府组织将为援助提供更多资金，以弥补公共资金的不足，其中多双边开发银行将发挥十分重要的作用。在具体措施方面包括：一是，各国将制定规划、采取措施改善中小企业和基础设施的投融资环境，充分发挥私人投资在基础设施中的作用；二是，各国将努力改善金融中介机构的利用效率，更好地促进私人储蓄向投资的转换；三是，PPP 的作用将得到更多重视，各国和国际组织将就此问题分享更多经验；四是，重视多边开发银行和地区开发银行在国际发展合作中的作用，积极探索改善多边银行工作效率的方法。

与此同时，新的融资方式将不断产生，创新性融资会越来越多，但始终是传统融资的补充，不会替代传统融资的主体地位。在各种已经被采用或将要被采用的新型融资方式中，SDR融资潜力较大、融资速度较快、可预测性和可持续性较好，因而被采用的潜力最大。目前是否采用 SDR 作为新型融资方式正被热议，未来 SDR 极有可能被用于发展融资，并成为新型融资最为重要的方式。另外，未来援助与贸易、FDI 之间的关系将更为紧密，"促贸援助" 的作用将尤为明显，援助将为贸易、FDI 营造更良好的环境，成为吸引更多贸易、投资及其他外部资金的催化剂。

（五）援助理念："援助有效性" 与 "发展有效性" 并重

《巴黎宣言》所倡导的 "援助有效性" 理念在发达国家较为盛行，其设定的 12 项指标是发达国家衡量其援助效果的主要参考；而 "发展有效性" 理念是为了确立符合新兴援助国的援助地位和责任的援助规范，因而在新兴援助国较为普及。"援助有效性"侧重于援助本身的操作方法和程序的有效及科学性，"发展有效性"则侧重于援助实施后对受援国的经济增长、减贫及千年发展目标的实现等的促进作用。两者对提高援助的有效性都不可或缺，因而未来的援助或许会考虑将两者结合起来，不断改善衡量援助有效性的方法和指标。

第四章　多边开发机构与可持续发展全球伙伴关系的构建

　　可持续发展议程的成功推进需要政府、私营部门与公民社会建立可持续的合作伙伴关系。这些包容性伙伴关系是基于共同的愿景和共同的目标：把人和地球放在中心位置。不论在全球层面，地区层面还是国家以及地方层面，这些包容性伙伴关系都不可或缺。在采取行动，调动、转移并释放包括私人资源在内的各方资金过程中，以及实现可持续发展目标方面，多边开发机构都发挥着重要作用，全球伙伴关系在国家间以及地区间合作的主要推动者之一就是多边开发机构。多边开发机构作为推动各方合作的桥梁，不仅在包括可持续能源、基础设施、交通运输以及数据通信技术等多个领域融资中发挥着重要的协调作用，也在贸易能力建设、产能合作、发展能力建设和技术合作等方面发挥着重要作用。

第一节　多边开发机构在可持续全球发展伙伴关系中的实践

　　多边开发机构主要分为两个层次。首先，多边开发机构包括联合国系统内的各个发展机构；其次，还包括跨区域、区域及次区域的各个多边组织和多边开发银行。典型的多边组织包括欧盟、东南亚国家联盟、G20 等主要国际组织。在多边开发银行中，主要包括世界银行（World Bank，WB）、国际货币基金组织、非洲开发银行（African Development Bank，AfDB）、亚洲开发银行（Asian Development Bank，ADB）、欧洲复兴开发银行（European Bank for Reconstruction and Development，EBRD）、泛美银行（Inter - American Development Bank，IDB）、金砖国家开发银行、亚洲基础设施投资银行（Asian Infrastructure Investment Bank，AIIB）、"一带一路"基金等多个机构，为各个成员的《2030 发展议程》提供各种支持，包括推进各成员在国家战略层面上设定和执行发展议程，加大对发展议程有关知识的能力建设，构建有效融资体系框架，并通过推动"数字革命"促进更广泛范围的公共辩论等，进一步推动以实践经验为基础的各项政策措施，改进问责机制。

一 联合国组织内的各个发展机构

2030 年发展目标的发起和执行都是在联合国的统筹下逐步推进的，在联合国系统内部，多边开发机构的组织与管理由不同的组织分工配合。联合国发展议程的推进主要依靠在联合国体系内以经社理事会为中心的网状运行机构为载体。根据《联合国宪章》的规定，发展议程的执行机构由三个层次构成，分别包括联合国大会、经社理事会以及经社理事会管理协调下的附属机构和专门机构。联合国大会在发展议程中享有最高的领导地位，根据《联合国宪章》第 60 条规定，联合国"有关国际经济及社会合作之责任，属于大会及大会权力之下的经济及社会理事会"。其中经社理事会是经济和社会发展体系的核心，根据《联合国宪章》第 62 条的相关规定，经社理事会在经济和社会发展议程中有研究和建议权、提出协议草案权和召集国际会议权。此外，宪章第 63 条则赋予了经社理事会协调、管理专门机构的职能。在第三个体系层次中，联合国专门机构专指政府间通过签订协议文件而成立的，在国家间就某一特定领域如经济、社会、文化、教育、卫生或其他有关方面开展工作的组织。1945 年《联合国宪章》第 57 条规定，"由各国政府间协定所成立之各种专门机关，依其组织约章之规定，于经济、社会、文化、教育、卫生及其他有关部门负有广大国际责任者，应依第六十三条之规定使与联合国发生关系"。

根据联合国与专门机构所订立的协定，联合国承认联合国专门机构的职权范围，专门机构承认联合国有权向其提出建议并协调其活动，专门机构要定期向联合国提出工作报告。双方互派代表出席彼此的会议，但没有表决权，彼此交换情报与文件，彼此协调在人事、预算和财政方面的安排。目前，布雷顿森林体系下的世界银行集团、国际货币基金组织均属于联合国专门机构之列。目前，世界贸易组织并不承担向联合国大会提交报告的义务，但会不定期提供关于大会和经济及社会理事会工作的意见，尤其是关于金融和发展问题。

在千年发展目标的制定问题上，世界银行与联合国开发计划署共同将减贫作为首要目标。世界银行在 20 世纪 80~90 年代所奉行的代表新自由主义经济思想的结构性调整政策（Structural Development Programme）已被联合国减贫战略所取代。世界银行以及经济合作与发展组织下设的发展援助委员会将联合国千年发展目标作为彼此间发展议题合作的总体统一框架。

此外，联合国也与其他国际相关方共同合作以确保后 2015 的可持续发展路径。为此，联合国秘书长已经采取了多项措施，其中包括建立致力于后 2015 发展议程的联合国系统工作组（United Nations System Task Team，UNSTT），由联合国经社理事会和联合国开发计划署担任联合主席，组织协调约 60 个联合国下属部门机构、国际组织及其他临时机构，围绕有关后 2015 发展议程的事宜开展国际合作。

除上述机构组织外，非政府组织以及私营部门的加入也极大地丰

表 4 – 1　联合国组织机构及其职能

联合国大会	基金和机关	联合国贸易和发展会议（及隶属于贸发会议和世贸组织的贸易中心）；联合国开发计划署；联合国环境规划署；联合国人口基金会；联合国人类住区规划署；联合国难民事务高级专员办事处；联合国儿童基金会；联合国近东巴勒斯坦难民救济和工程处；联合国促进性别平等和增强妇女权能署；世界粮食计划署
	相关组织	世界贸易组织
	其他实体	联合国艾滋病规划署
经济及社会理事会	职司委员会	人口与发展委员会；科学和技术促进发展委员会；社会发展委员会；统计委员会；妇女地位委员会；可持续发展委员会
	区域委员会	非洲经济委员会；欧洲经济委员会；拉丁美洲和加勒比经济委员会；亚洲及太平洋经济社会委员会；西亚经济社会委员会
	专门机构	联合国粮食及农业组织；国际民用航空组织；国际农业发展基金；国际劳工组织；国际海事组织；国际电信联盟；联合国教育、科学及文化组织；联合国工业发展组织；世界旅游组织；世界卫生组织；世界气象组织；世界银行集团（世界银行、解决投资争端国际中心、国际开发协会、国际金融公司、多边投资担保机构）；国际货币基金组织
秘书处		联合国经济和社会事务部；联合国人权事务高级专员办事处

资料来源：作者根据联合国组织机构图整理。联合国各基金和方案、专门机构和世贸组织均为联合国系统行政首长协调理事会的会员。参见 http://www.un.org/en/aboutun/structure/org_chart.shtml，最后访问日期：2015 年 3 月 3 日。

富了联合国发展议程。1992 年非政府组织第一次正式出席联大并发言后，日益活跃地参与到联合国体系内部，从会议筹备、正式出席各类别会议到影响发展议程的议事内容及规则，非政府组织对联合国发展议程起到了越来越重要的作用。此外，私营部门作为积极的参与者和发展议程的资金来源之一，其重要作用也日益显现。

专栏一：联合国各个区域委员会的重要作用① ···············

　　在所有区域，区域性千年发展目标报告是联合国系统在区域层面共同努力下产生的，所使用的合作工具是区域合作机制。联合国与主要的非联合国区域组织也建立了密切的协作，以确保这些组织的充分参与。例如，在非洲，千年发展目标报告是由非洲经济委员会、非洲开发银行、非洲联盟委员会和联合国开发计划署之间合作的结果。在亚太区域，区域千年发展目标报告来自亚洲及太平洋经济社会委员会、亚洲银行和联合国开发计划署之间的合作。阿拉伯地区的千年发展目标报告是西亚经济社会委员会与阿拉伯联盟合作协调区域合作机制共同努力的结果。在拉丁美洲和欧洲，区域千年发展目标报告是拉丁美洲和加勒比经济委员会和欧洲经济委员会分别领导下的各自的区域合作机制的产物。在执行结果的审查方面，千年发展目标的进展情况审议是联合国系统在区域层面全面综合并与各区域组织协作的重点领域，为衡量千年发展目标进展情况提供客观而翔实的参考依据。

---

① United Nations, A Regional Perspective on the Post – 2015 United Nations Development Agenda，文件编号：E/ESCWA/OES/2013/2。

各个区域委员会在建立包括援助、贸易、债务、税收和金融市场稳定性等关键领域的全球伙伴关系方面发挥了重要作用。联合国可持续发展大会（"里约+20"峰会）的官方文件确认了地区性委员会在很多领域发挥的重要作用，同时也为其工作提供了指令和指导。该文件强调了委员会在促进经济、社会以及环境维度可持续增长方面的平衡一体化中所发挥的重要作用，委员会在有效协调全球、地区、次区域及国家的可持续发展进程中也扮演着重要角色。更具体而言，这使得各个地区性委员会在联合国系统的支持下用一种自下而上的方式推动与可持续发展目标有关的全球事务。

由于地区委员会的性质及专业领域各不相同，它们对后2015发展议程包括联合国秘书长高级别专家组、可持续发展目标过程中的参与形式是多维度、不同层次的，具体包括以下几个方面。

（1）在地区及次区域范围内提供具有包容性的高端咨询和顾问服务

围绕后2015发展议程以及可持续发展进程，各个地区委员会组织了一系列包容性次区域及区域咨询，进一步确定各个地区的重点领域和实施方法。各个委员会提供的咨询对象包括政府、公民会社、商业团体以及学术部门。其中很多沟通和咨询都可以作为地区协调机制的平台，将联合国组织中的地区性机构与非联合国组织的地区性及次区域性合作伙伴和组织联系起来。

地区性委员会可以通过举办与可持续发展有关的地区性会议，包括联合国可持续发展大会地区执行会议推动后2015

发展议程，在关键有限议题上凝聚共识。除此之外，各个委员会通过自身在国家和国际问题上的专业优势，为各个国家及全球议题咨询提供服务。

（2）实质性分析研究

各个地区委员会已经进行并协调了一系列地区性分析报告，并对千年发展目标所举的成就地区的差异进行了分析，并为最终可持续发展目标的制定铺垫了前期基础，通过地区协调机制提高了联合国组织在地区层次上的政策分析及研究能力。此外，通过各个地区委员会的努力，在未来可以进一步协调并监控后 2015 可持续发展目标的执行进度和进展情况，根据各地区及次区域的不同情况和工作重点，提出专家意见和建议。

各个地区委员会正在重新协调其委员会的各项职能，使其成为后 2015 议程在各个地区层次上进行分析研究以及决策制定的重要政府间论坛。具体形式包括围绕后 2015 可持续发展及后 2015 议程的各个方面举行并整合各种互动度高、多利益相关者参与的圆桌会议以及专家讨论会。

（3）与全球的各个工作小组保持联系与沟通

各个地区委员会一直是联合国组织下不同任务组合工作小组在全球层次上的积极参与者和贡献者，包括意在支持高级专家小组的联合国后 2015 发展议程任务小组、可持续发展技术支持小组、千年发展议程缺口工作组以及联合国发展工作组千年发展目标任务组。

二 多边组织和多边开发银行

(一) 多边组织

联合国可持续发展议程包含的 17 个可持续发展目标目前已为全球各个多边组织所广泛支持和接受。作为联合国的重要合作伙伴，各多边组织自身也配合联合国可持续发展议程提出了自己的规划和动议，既包括在多边框架下与联合国的合作，也包括与各个国家展开的具体合作。在支持可持续发展议程实施的过程中，各个多边组织发挥了重要的作用，其中典型的多边组织包括东南亚国家联盟 (ASEAN)、非洲联盟 (AU)、欧盟 (EU)、二十国集团 (G20)、金砖国家 (BRICS) 等。

1. 欧盟

作为地区性多边组织的代表，欧盟在实现 2030 可持续发展目标方面的工作一直走在世界前列。目前，欧盟及其成员国作为世界上最大的发展援助提供方，计划在 2030 年将欧盟集体官方发展援助金额提高到欧盟国民总收入的 0.7%。此外，欧盟还单方面承诺在 2015~2030 年向最不发达国家提供特别官方发展援助，金额为欧盟国民总收入的 0.2%。通过与私人部门的共同开发与合作，欧盟可以借此筹集更多发展资金，关键领域主要包括基础设施建设、能源以及为中小企业提供支持。在贸易方面，欧盟作为世界上最为开放的市场之一，目前每年从发展中国家进口金额达到8600 亿欧元。通过实施普遍优惠制度及为最不发达国家提供免关税、免配额市场准入，提高了发展中国家特别是最不发达国家的贸易能力。

在技术合作方面，欧盟研究与创新框架项目将对来自发展中国家的研究者开放，到 2020 年，官方发展援助金额中至少 20% 将投入人力资源开发方面，包括教育与健康领域。在气候变化方面，欧盟官方发展援助金额中的 20% 约 140 亿欧元将用于气候变化目标的实现。①

2. 二十国集团

二十国集团（G20）讨论的发展议题涉及的内容非常宽泛，既是对于发展中国家特别是低收入国家的援助承诺，同时也认为这是推动全球经济复苏、促进未来经济增长的关键工作。因此，在这一议题下，各国领导人既讨论如千年发展目标和可持续发展目标等全球发展目标的重要性，也探讨如基础设施投资、食品安全、包容性绿色增长等问题。不仅如此，G20 还向贫困国家尤其是最不发达国家提供资金帮助。

第一，重申千年发展目标的重要性。各国领导人反复重申实现联合国千年发展目标的历史承诺和各自的官方发展援助承诺，强调发达国家兑现其发展援助承诺的关键作用，提倡新兴经济体扩大其对其他发展中国家的援助水平，推动 2015 年前实现千年发展目标。

第二，积极带头实施和推进 2030 年发展议程。在联合国 2030 年发展议程的讨论和磋商阶段，G20 就积极支持和推动联合国 2015 年后发展议程的制定进程，督促各国就 2015 年后发展议程达成共识。2015 年 9 月，第 70 届联合国大会一致通过 2030 年发展议

① 欧盟委员会新闻数据库，2015 年 9 月 25 日。http：//europa. eu/rapid/press - release_ MEMO - 15 -5709_ en. htm，最后访问日期：2016 年 8 月 10 日。

程之后，G20又成为该议程的积极践行者和推动者。在中国的倡议下，G20杭州峰会不仅首次将发展问题摆到了全球宏观政策框架的突出位置，还进一步邀请多个发展中国家参与讨论，共同为SDGs制定了具体的行动计划，力争在实现人类社会可持续发展的前提下，保证发展中国家的发展权利，体现了中国发展中大国的义务与责任。G20杭州峰会在SDGs的元年就在成员国之间达成了可持续发展行动计划，给未来15年的全球发展制定了明确的时间表和路线图。

第三，讨论和扶持重点发展议题。在2010年11月韩国首尔G20峰会上，G20通过了"首尔发展共识"和《跨年度发展行动计划》，并组建了发展工作组，以在基础设施、人力资源开发、私人部门投资、贸易、粮食安全等领域明确行动计划，促进发展中国家的发展。在这一框架下，后续峰会中这些议题也被越来越多地讨论。如在洛斯卡沃斯峰会上，粮食安全、基础设施和包容性绿色增长被作为发展的重点议题进行讨论。

第四，向不发达国家提供发展融资。如在伦敦峰会上，G20领导人决定提供500亿美元支持低收入国家的社会保障、促进贸易和安全发展，同时努力确保最贫穷国家获得社会保障所需的资源等。同时，领导人意识到，多边发展银行在促进发展中居于重要地位，因此积极促进世界银行以及其他地区银行在资金融通、项目实施等方面加强协调与合作。

此外，金砖国家作为由发展中国家组成的多边组织，也特别强调将发展权置于2030年可持续发展议程的核心位置。发展是消除贫困的基础，贫困是导致全球各地许多冲突的根源之一。发展体现了尊严、免于匮乏和全面享有人权。消除贫困是实现可持续发展、推动社会进步、维护公平正义、加强生态文明建设的必要条件与核心目标。在发展问题上，金砖国家强调应尊重各国在发展问题上的政策空间，各国应根据各自发展水平、国情和历史制定各自发展战略，与 2030 年可持续发展议程进行对接。①

（二）多边开发银行

多边开发银行是为发展中国家的经济和社会发展活动提供资金援助和专业咨询的机构。作为国际发展公共机构，在早期发展中主要依靠富裕的工业化国家的资金支持，21 世纪以来，新兴国家也逐渐担当起开发银行的组织者和发起人。在各个多边开发银行中，历史最悠久也是最有影响的是 1944 年建立的世界银行。多边开发银行的基本宗旨是发展与减贫，为发展中国家的经济和社会发展提供资金支持、技术及能力建设。根据多边开发银行开展业务地理区域的不同，可以划分为：全球性开发银行，主要以世界银行为代表；区域性开发银行，如非洲开发银行、亚洲开发银行、亚洲基础设施投资银行、欧洲复兴开发银行、泛美银行等；次区域开发银行，与区域性开发银行相比，所包括的同一地区成员更少，从而能更为有效地为成员提供本地化的经验，包括安第斯开发银行（Corporation Andina de Fomento，CAF）、加勒比开发银行（Caribbean Development Bank，CDB）等。近期成立的金砖国家开发银行则属于跨区域开发银行。

1. 世界银行

以全球性开发银行——世界银行（以下简称世行）为例，自

---

① 《金砖国家强调发展权是 2030 年可持续发展议程的核心》，新华网，2016 年 3 月 1 日，http：//news. xinhuanet. com/world/2016 - 03/01/c_ 128763961. htm。

1944 年成立以来，世界银行已从一个单一的机构发展成为一个由五个联系紧密的发展机构组成的集团，包括国际复兴开发银行（International Bank for Reconstruction and Development，IBRD）、国际开发协会（International Development Association，IDA）、国际金融公司（International Financial Corporation，IFC）、多边投资担保机构（Multilateral Investment Guarantee Agency，MIGA）和国际投资争端解决中心（International Center for Settlement of Investment Disputes，ICSID）。世行的使命已从过去通过国际复兴开发银行促进战后重建和发展演变成为目前通过与其下属机构国际开发协会和其他成员机构密切协调推进世界各国的减贫事业。当前，重建仍然是世行工作的重要内容之一，通过实现包容性和可持续性的全球化以减少贫困仍是世行工作的首要目标。

世行推动发展中国家解决发展问题主要经历了三个阶段。20 世纪 60~70 年代，世行的设计理念是为解决发展中国家在发展中所遇到的储蓄与外汇"双缺口"问题，并以此作为推动发展中国家发展的主要突破口。世界银行的很多政策都以缩小及消除"双缺口"问题为指向。但实践证明，在此 20 年中解决了贫困问题的国家，并非世界银行重点帮扶存在"双缺口"的国家。因此，20 世纪 80 年代后世界银行的工作重点转移到减贫的问题上。从历史来看，20 世纪 60 年代到 80 年代，全球的减贫成果半数以上来自中国一个国家，而中国减贫成果虽有世界银行的贡献，但后者并不是主要贡献者。中国减贫与发展的主要推动力是城镇化建设。这对 20 世纪 90 年代后世界银行在减贫及发展问题上设定工作重心也提供了有益启示。在"华盛顿共识"形成之后，世界银行做了很多推动市场化以及社会方面的工作。在这一方面，世界银行将工作重点放在社会方面的事务上，其自身目标与发展议程并非高度契合。

此外，世界银行正筹备建立全球基础设施平台（Global Infrastructure Facility，GIF）。世行指出，在当前形势下公共部门财政紧张，难以独立支持基础设施建设投资项目，引入私人部门资金变得至关重要，而要引导私人部门投资进入基础设施建设领域，就需要通过降低资产风险等手段来增强对私人投资者的吸引力。全球基础设施平台是一个技术支持平台，世行将通过此平台向机构投资者提供项目筹备等方面的咨询服务，提高项目的质量和透明度，改善投资环境。亚洲开发银行认为，在当前经济形势下推进基础设施投资，需要充分发挥私人部门作用，并表示其正在积极扩大放贷能力，并将发布基础设施项目筹备指引。

2. 区域性多边开发银行及其最新发展趋势

（1）多边开发银行的新趋势

诺贝尔经济学奖获得者斯蒂格利茨（Joesph Stiglitz）和伦敦经济学院教授斯特恩勋爵（Nicholas Stern）在《促进南南国际开发银行：推动新产业革命、管理风险以及全球储蓄再平衡》中分析了国际机构权威数据后发现，新兴市场国家一方面存在较大的投资需求，另一方面又存在大量可以调动的闲置资金。[1] 国际能源机构（IEA）出版的《2010 年世界能源展望》指出："就能源部门来说，

---

[1]　Joseph Stiglitz and Nicholas Stern, "An international Development Bank for Fostering South – South Investment: Promoting the New Industrial Revolution, Managing Risk and Rebalancing Global Savings", September, 2011, http://www.maisdemocracia.org.br/blog/2013/01/17/o – banco – dos – brics – em – macro/.

未来 25 年将需要 33 万亿美元的投资，预计其中 64% 的投资需求来自新兴与发展中经济体。"① 斯蒂格利茨提出，新兴经济体与发展中国家需要建立金融中介系统，以满足日益增长的投资需求，进而有效利用其资金。对于这种金融中介系统的组织架构方案，可以由新兴经济体和发展中国家成立南南开发银行，充分利用这些经济体内的过剩储蓄为投资提供融资。

传统的区域性多边开发银行包括非洲开发银行、欧洲复兴开发银行、亚洲开发银行、泛美银行等多家机构，上述机构在促进地区性经济增长，实现联合国发展目标问题上发挥了重要作用。金融危机之后，在欧美货币政策传导失灵、信贷市场几近停滞的情况下，多边开发银行逆势而上，通过增加对各个发展中国家的资金支持，维护和保持各国在发展议程上的成果，发挥了稳定器的作用。当前大多数发展中国家普遍面临基础设施建设严重滞后的困境。当前现有的多边开发机构对发展中国家的基础设施融资而言，虽然能够起到一定作用，但很难满足其全部投资需求。到 2010 年末，世界银行、亚洲开发银行、泛美银行和非洲开发银行等现有主要开发银行的贷款余额只有 3054 亿美元，无法满足新兴经济体与发展中国家的基础设施融资问题。② 因此，当前在全球性国际公共产品供给严重不足的情况下，发挥传统区域性多边开发银行作用，同时积极倡导建立新的跨区域或次区域多边开发银行，既符合发展中国家共同协调发展的客观需要，也是对现有多边开发机构体系的丰富和完善。21 世纪第一个十年以来，新的多边开

---

① International Energy Agency, World Energy Outlook 2010.
② 徐秀军、冯维江、徐奇渊、刘悦、贾中正：《中国与金砖国家金融合作机制研究》，中国社会科学出版社，第 117 页。

发银行开始不断出现，比如金砖银行、亚洲基础设施投资银行，各类多边开发银行存在新的发展空间，可以为全球经济增长提供新的动力。

表 4－2 世界主要多边开发银行

多边开发银行	建立时间	性质	股本（美元）	总部	成员	与中国关系	出资	宗旨
非洲开发银行	1964年11月	非洲最大的地区性政府间开发金融机构	329亿	突尼斯	77个	中国占股1.117%	非洲成员国占股60%；区外国家占40%	提供投资和贷款、利用非洲大陆的人力和资源
亚洲开发银行	1965年11月	亚洲和太平洋地区的区域性金融机构	5013亿	菲律宾马尼拉	67个	中国是第三大股东	日本占股15.571%；美国占股15.571%	通过发展援助帮助亚太地区发展中成员消除贫困，促进亚太地区的经济和社会发展。援助方式包括：贷款、股本投资、技术援助、联合融资担保
泛美银行	1959年4月	世界上成立最早和最大的区域性、多边开发银行	1010亿	美国华盛顿	48个	中国2009年1月加入	美国占股30.008%；阿根廷和巴西各占10.752%	集中美洲内外的资金，向成员国政府及公私团体的经济、社会发展项目提供贷款或对成员国提供技术援助，以促进拉丁美洲国家的经济发展与合作

续表

多边开发银行	建立时间	性质	股本（美元）	总部	成员	与中国关系	出资	宗旨
欧洲复兴开发银行	1991年	美欧区域性国际金融机构	277.5亿	英国伦敦	61个	中国未加入	美国占股10%；法国、德国、意大利、日本和英国各占8.5%	在考虑加强民主、保护环境等因素下，帮助和支持东欧、中欧国家向市场经济转化，以调动上述国家中个人及企业的积极性，促使他们向民主政体和市场经济过渡
金砖国家开发银行	2014年7月	金砖国家间政府性开发金融机构	500亿	中国上海	"金砖五国"	创始成员国	各创始成员国均摊	支持金砖国家和其他新兴经济体及发展中国家的基础设施建设

资料来源：根据作者编译整理。

（2）多边开发银行的运行模式特点

多边开发银行不同于以国家为主体成立的开发性融资机构，多边开发银行的决策框架设计中包括了理事会、执行董事和行政管理机构，其运行模式特点可以主要归纳概括为以下几点。[①]

以良好的信用为保障，充分调动新兴经济体与发展中国家的资金，降低融资成本。多边开发银行的主要筹资手段是发债筹资。作为发债方的多边开发银行的信用等级对降低发债成本十分关键，较好的信用等级将降低其借款成员国的融资成本，最终促进项目

---

① 赵婷、廖华锋：《多边开发银行运作模式探析》，《光明日报》2014年10月24日，第10版。

的顺利完成。多边开发银行的资本充足率比一般商业银行更高，流动性管理体制更为审慎。此外，多边开发银行还拥有超主权信用特征，成员国国家实力是多边开发银行的坚强后盾。综合以上条件，多边开发银行享有优先发债人的地位，国际评级机构对多边开发银行的信用评级通常较高。以安第斯开发银行为例，该行自1993年起就获得了投资级（BBB）的信用评级并持续得到改善，目前已达到 AA - 的信用评级。

多边开发银行与各成员国政府长期合作关系良好，由多边开发银行参与的基础设施投资项目成为吸引私人投资参与的重要保障。基础设施建设具有初期沉没成本高、投资回收周期长的特点，加之可能面临收归国有、货币不可自由兑换等政策风险，投资是否盈利在很大程度上取决于政府的履约情况，故私人资本通常对投资于基础设施建设的项目积极性不高。在多边开发银行参与下，可以促进私人资本参与项目并进行投资，为项目融资来源的多样化提供保证。

在联合私人资本投资基础设施项目的过程中，多边开发银行为提高私人参与的积极性，设定了独特的机制，不与其争利，并在最大限度上保证私人资本收益。在鼓励和引导资本参与上，多边开发银行在项目章程中通常规定具体某个项目的自身融资比例上限，此外的部分由外部资金参与。在这种情况下，贷款由多边开发银行和商业机构共同承担，但多边开发银行仍是唯一的名义贷款人，商业机构提供的贷款可享受多边开发银行的政策保障和豁免。同时，考虑到商业资本的特点，商业机构提供贷款的期限可略短于多边开发银行贷款。

多边开发银行越来越注重企业社会责任建设，将可持续发展的目标贯穿在投资实践之中。现代商业社会的发展对企业担负社会责任提出了更高的要求，与以往只关注利润水平的指标不同，企业社会责任强调对股东、员工、消费者、社区及环境等各方面的共同责任。多边开发银行可以依据自身的优势推动企业社会责任在区域间以及各个国家内部实现。以拉美地区的可持续性基础设施项目建设为例，德国国际合作机构（GIZ）与泛美银行（IDB）合作，自2014年开始设定包括经济、社会和环境三重维度的一系列可持续性评价指标，同时以治理作为支撑三重维度的基础。在经济、社会和环境三个维度方面，必须建立包括各层次在内的良好治理机制，保障整个建设过程的透明性、可问责性以及可测量性，发挥各部门协作的合力。

第二节　多边开发机构在可持续发展全球伙伴
关系中的作用以及未来趋势

多边开发机构在联合国可持续发展目标的实现中发挥着重要作用。在多边开发机构中，一些组织依据自身特点，从某一具体角度出发，为世界各国实现可持续发展目标提供发展思路和具体途径。这些多边开发机构作为协调各方立场和政策执行的组织，可以协调各个主权国家在国际多边层面上的各项政策立场以及具体实施，推动和促进可持续发展目标的最终实现。

一　多边开发机构通过筹资推动可持续发展目标的实现

多边开发机构可通过刺激和提升基础设施投融资、推动减贫目标实现来支持经济发展。多边开发银行可以向有需要的发展中国家提供低息和长期融资贷款，解决在商业化市场中具有公共产品性质项目的筹融资困境。

目前国际发展融资面临的缺口既有供给方面的原因，也有需求方面的原因。在资金需求方面，发展中国家经济增速普遍放缓以及国家主权信用评级水平较低加大了投资者风险。在资金供给方面，发达经济体内部经济危机以及财政整顿均降低了投资者提供资金的意愿。在融资过程中，各国主权信用评级会极大地影响融资效果。据测算，在全部融资缺口中，18%的资金需求没有主权信用评级，44%的主权信用评级为投机级别，另外只有38%属于可投资级别。这阻碍了资金流向发展中国家。投资回报率水平也会对融资产生影响。以亚洲为例，亚洲地区的基础设施投资需求很大，但是这些项目的投资回报率很低，所以存在大量的投资缺口。在规划基础设施投资的问题上，需要考虑项目建成后的自身造血能力，包括带来投资者回报、促进中小企业发展、推动私人投资者投资，以及提高当地工人就业率方面的积极作用。对于投资项目的选择应该摆脱就项目论项目的困局，应进一步考虑如何推动本地区经济更好地融入全球价值链之中。① 从当前情况来看，国际发展融资中最大的问题是国际银行正在大幅度地退出这些融资活动，尤其是基础设施建设的初期阶段；而国内银行则大多面临着由于贷款坏账而引发的融资资金枯竭问题。以印度为例，过去国内银行对项目有大规模的投资，目前由于贷款坏账等原因，很多投入资金都无法收回。银行的参与虽然并不是"万灵药"，但

---

① 孙靓莹、宋锦：《国际发展融资体系如何推动发展中国家的包容性增长——T20秘鲁会议综述》，《经济学动态》2016年第7期。

它们确实是融资中重要的组成部分。在银行为项目初始阶段提供建设融资之后，项目已经有了一定的知名度，可以寻求证券化或机构投资者的参与，但在新兴经济体和发展中国家，机构投资者进行的投资都非常有限，这也为多边开发银行发挥作用提供了机会。目前全球资本市场上的利率水平已经相对较低，但新兴经济体和发展中国家并没有享受到这种好处，而利率水平在很大程度上决定了项目投资的可持续性。

多边开发银行在资金方面拥有巨大优势。目前，全球多边开发银行所拥有的资金总量为 6800 亿美元，已经投资的资金总额为 700 亿美元。这些投入中，基础设施项目的资金投入比例较低，但一直保持增长态势。如果能够将多边开发银行中的投资增加 350 亿美元到 500 亿美元，加上杠杆作用后，每年可以额外增加 1500 亿美元的增量贷款。多边开发银行的融资结构是世界上最有效率的结构之一。因为在整个项目中，多边开发银行提供的资金是整个项目实收资本的 5%。此外，多边开发银行可以通过发行债券进一步动员新兴经济体和发展中国家中的存款、资金以及外汇储备，让其物尽其用。

基础设施项目的资金供给、需求也具有其特殊的复杂性，不同的资金提供者在基础设施项目中的角色、作用天然地存在差异。从资金来源角度看，基础设施项目投资的资金来源包括政府预算、国有银行出资、国内投资者以养老金和保险金等投资、海外投资以及官方发展援助等渠道。基础设施投资建设项目需要长期投资者的参与。大多数银行存款的周期仅为 2～5 年，而对于保险公司和养老基金来说，它们的资金存续期较长，更适合投资周期较长的项目。世界各个不同地区资本市场资金结构的不同，也决定了不同地区的不同资金供给情况。以亚洲为例，大多数资金都是以银行存款的方式存在。而对于拉美地区，养老金基金以及保险基金在金融机构资产中的比例较高，资金可用于投资的周期也相对较长。[①]

可持续性基础设施项目在不同阶段面临的风险有所差别，因此融资模式在不同阶段也有不同特点。从现金流周期来看，在项目准备阶段，项目风险主要来自宏观经济与政治风险、达到环境保护标准风险以及项目规划风险；进入建设阶段，风险主要来自于宏观经济与政策风险以及建设风险；在运行阶段除了上述风险外，对基础设施项目提供产品的需求、项目运营及相关政策风险则成为最主要的方面。与此相对应，在项目准备阶段，由于需要进行可行性调研和前期投入，长期资本或公共资本进入非常关键；项目进入实施期后，可以通过股权提供者或债务供应商为项目融资；项目建设完成并开始运营之后，可以对项目进行再融资。在新兴经济体和发展中国家，很多基础设施建设都是绿地投资，即项目建设是从无到有的过程，在项目初期需要大量的初始投资。由于初始阶段未知风险水平很高，这一阶段几乎没有外来资本进入项目，项目资助方承担了项目资金提供的责任。这一阶段的两大资金来源就是项目发起人（来自私人部门）和政府部门，它们都为项目提供了股权融资。这一阶段的债券融资一般来自银行部门，因为银行有能力进行项目监控，并根据项目的具体运行情况逐步提供资金，无须像发行债券那样在初期就承担全部风险。此

① 孙靓莹、宋锦：《国际发展融资体系如何推动发展中国家的包容性增长——T20 秘鲁会议综述》，《经济学动态》2016 年第 7 期。

外，由于不需要纳入很多参与者，银行进行融资结构重组也很容易。因此，在项目启动阶段，银行应成为融资的主体。

二 多边开发机构通过技术合作推动可持续发展目标实现

多边发展机构通过提升发展中国家的技术水平推动可持续发展目标的实现，联合国系统下的各多边机构是典型代表。联合国开发计划署（the United Nations Development Programme，UNDP）是世界上最大的多边技术援助机构，由联合国 1949 年设立的"技术援助扩大方案"和 1959 年设立的"特别基金"合并而成。在技术援助中，UNDP 本身并不负责援助项目的具体实施，它主要是派出专家进行项目的可行性考察，担任技术指导或顾问。UNDP 的技术援助活动在 MDGs 中的"确保环境可持续性"这一目标上体现得尤为明显。例如，2011 年，为了支持非洲对清洁能源技术的利用，UNDP 帮助当地建立了补贴制度，并培养了当地的科技能力，为私人部门投资风能营造了有利环境；1991～2011 年，UNDP 帮助 124 个国家的重要部门如化学制剂部门、农业部门和医疗部门等，采取了降低臭氧消耗物质的技术，这既有利于降低生产成本，又节能环保。① UNDP 技术援助的特点是"国内实施"（national executive）。该制度的主要内容是合作国政府在 UNDP 的资助下，可以自主地决定包括项目设计、实施、合作机构、资金用途、时间表等技术合作项目的开展。UNDP 对技术援助的控制是要求合作国政府向 UNDP 的行政干事负责，保证采取最适当的执行安排，保证

---

① UNDP，"UNDP Annual Report 2011/2012"，Jaly 2012，p. 21（published by the Bureau of External Relations and Advocacy, United Nations Development Programme, New York）.

UNDP资助的技术援助项目的质量及合理的财政安排。这种"国内实施"的最大优越性在于合作国政府能够控制整个合作的进程，并根据现实需要做出适当的调整。

联合国工业发展组织（United Nations Industrial Development Organization，UNIDO）是联合国工业发展组织是联合国大会的多边技术援助机构，成立于1966年，1985年6月正式改为联合国专门机构，总部设在奥地利维也纳，任务是"帮助促进和加速发展中国家的工业化和协调联合国系统在工业发展方面的活动"。其宗旨是通过工业发展推进扶贫和环境友好型经济增长，提高全世界人民，尤其是最贫困国家人民的生活水平和生活质量。[①] 除作为一个全球性的政府间有关工业领域问题的论坛外，其主要活动是通过一系列的综合服务，在政策、机构和企业三个层次上帮助广大发展中国家和经济转型国家提高经济竞争力，改善环境，增加生产性就业。

联合国工业发展组织的组织机构以大会为最高权力机构，每4年召开一次；理事会由成员国中选出的53个理事国代表组成，每年举行一次例会。另外还有方案和预算委员会以及秘书处。联合国工业发展组织的工作领域集中在促进投资和贸易增长、技术转让、清洁和可持续工业发展等，并将重点放在最不发达国家。

在投资与技术促进领域，联合国工业发展组织目前已经成为全球多边投资与技术及项目融资体系中的重要组成部分。联合国工业发展组织所制定的《项目可行性研究报告编制手册》《项目评

---

① 联合国工业发展组织，外交部网站，http://wcm.fmprc.gov.cn/pub/chn/pds/wjb/zzjg/gjjjs/gjzzyhygk/lhggyfzzz/t1068146.htm，最后访问日期：2016年7月20日。

估指南》《BOT 指南》等规范，是大多数国家和地区政府和国际企业界、金融界进行投融资活动的评估准则和依据。联合国工业发展组织《项目可行性分析与报告》中所提出的第三代专家系统模型为投资国际项目分析与评估提供了软件系统范本。此外，该组织已在世界范围内形成了比较完整的多边投资与技术促进系统并建立了一个庞大的投资与技术促进系统网络和数据库，能够迅速鉴别并及时准确传递国际投资和技术市场信息。

三 多边开发机构通过能力建设推动可持续发展目标实现

(一) 直接的能力建设支持

世界银行主要通过世界银行学院 (World Bank Institute，WBI) 和专门的能力建设项目为发展中国家提高发展能力提供支持。WBI 旨在促进发展知识的学习和共享，它一般根据发展中国家的能力需求设计能够满足这些需求的能力建设活动，包括提供技术援助、开展专题学习、组织总理级别务虚会、开设网上学院 (e-Institute) 及其他领导能力开发计划。WBI 还建立了能力建设机构，通过推介良好实践、召开研讨会、开设网站和举办专题活动促进发展知识的交流和共享。除提供重要的知识和教育计划外，WBI 还对 45 个重点国家的长期能力建设提供了支持，其中 14 个是非洲国家。世界银行于 2000 年 6 月开通了全球发展学习网络 (Global Development Learning Network，GDLN) 并设立了 11 个学习中心。GDLN 最初是一个单向的学习渠道，如今已发展成一个通过全世界 110 多个学习中心使用互动式视频会议和电子学习技术的自动、即时知识交流团体。为应对金融危机和经济危机，WBI 发起了一系列针对面临相似政策挑战的国家的实时全球对话，通过 GDLN 召开的视频会议，中等收入和低收入国家官员可以围绕当前和以往的危机相互交流经验。

UNDP 将促进受援国的能力建设视为其实现 MDGs 的重中之重，为此其设立了能力建设小组（Capacity Development Group，CDG）以支持其相关活动。CDG 目前支持 90 多个国家的能力建设以帮助它们吸引更多的投资并更好地管理投资项目和协议。CDG 支持受援国发展知识网络和知识获取机制的构建以促进有效和可持续地获取发展知识。例如，2007 年，UNDP 支持了非洲可持续、教育和变革管理（Sustainability、Education and the Management of Change in Africa，SEMCA）这一在线网络，该网络提供了发展知识学习和交流的平台，旨在培养一批具有决心和能力推动发展的改革者。UNDP 还与乌干达马凯雷雷大学（University of Makerere）合作开展农学课程，以满足农村地区的发展需求。该项目的目的是培养一批毕业生骨干，使其具备实施农村发展规划和取得国家发展目标的知识和技能，学员学成后必须回到其原来所在的农村地区，将其所学付诸实践，促进农村地区的发展。

此外，CDG 还对合作伙伴国的发展能力建设进行评估，并将其经验和信息反映在其政策文件和具体的项目实施过程中。2007年 2 月，CDG 建立了一个能力建设全球演练小组（Community of Practice），该小组由 UNDP 职员和 UN 其他机构、各国政府、非政府组织、学术机构及其他部门的专家构成，至今已有 1300 多名成员。利用 UNDP 的电子邮件网络即 Capacity-Net，小组成员可以交流能力建设经验、提供同行支持、共享信息和知识资源并提供及时的专家建议。目前，CDG 已在非洲、阿拉伯国家、欧洲和独联体国家（Commonwealth of Independent States，CIS）建立了大量的区域演练小组。

（二）以基础设施为载体的能力建设支持

在目前各国货币、财政及汇率政策措施效果有限的情况下，可持续性基础设施投资在短期有助于重振经济，并为长期可持续发展奠定基础。基础设施项目投资的效果除了直接拉动经济增长，还可以间接地通过溢出效应促进当地中小企业发展，拉动私人部门投资以及劳动就业。因此，可持续性基础设施建设是应对人类社会三大挑战——重振全球经济增长、实现可持续发展目标及保护地球未来——的一种具有可操作性的具体手段。多边开发银行除了能够为基础设施建设提供必要资金支持外，还可以通过提供专业知识和创新能力，通过项目运行为发展中国家提供配套的人才培养及能力建设支持。

多边开发银行参与基础设施建设除提供资金支持外，还能够提高项目基础设施的可持续性，这是发展中国家在推进能力建设中的重要方面。虽然内容和机制不尽相同，各多边开发银行在具体项目开发中都会设立环境保障的标准、专门的环境与社会保障部和复核与投诉部门。环境与社会保障部门的资金预算独立于集体项目，从而保证该部门做出客观与公正的评价。这三层体系的设定能够保证多边开发银行在可持续性基础设施建设中保持相对较好的诚信度。以拉美地区的可持续性基础设施项目建设为例，德国国际合作机构（GIZ）与泛美银行（IDB）合作，自2014年开始设定包括经济、社会和环境三重维度的一系列可持续性评价指标，在此基础之上，要综合三个维度的内容进行成本—收益分析，使基础设施投资能够获得最大收益。根据 IDB 在拉美地区的做法，在考量可持续发展维度时，它们引进了哈佛大学的可持续性基础设施 Zonfnass 项目中的愿景评级系统（Envision Rating System）进行考核。在非洲很多国家，抛弃自然资源禀赋去谈新能源基础设施建设，盲目开发风能、太阳能而不考虑传统火力发电站是舍本逐末的做法。各个国际多边开发银行对此都应该具体问题具体分析，针对当地情况，给出解决方案。此外，多边开发银行对可持续发展的贡献除了基础设施项目之外，还包括因地制宜符合所在国切实利益的其他项目。例如，以高效的方式将城市垃圾转移到专门的垃圾处理站，虽然不是大型基础设施建设项目，但仍然对一个国家的包容性、可持续性发展及其力争达到全球气候减排目标做出贡献。

多边开发银行在区域融资合作与融合的过程中能够起到引领和凝聚作用。对于合理应对阻碍项目前期可行性研究的政府政策及制度、动员私人部门为可持续性基础设施项目融资，多边开发银行可以发挥自身独到作用提高发展中国家的能力建设水平。多边开发银行的参与传递了投资者信心，在项目初期以及项目完成阶段鼓励其他资金来源的共同参与，并提供相关融资工具。此外，作为诚信的经纪商（honest brokers），开发银行可以将政府、私人部门、投资者、公民社会有机联系起来，帮助建立一个可复制、可测量的基础设施项目投资模式。通过多边开发银行的努力，也可以推动基础设施项目向更加可持续、更为环保的方向迈进，这一点尤其体现在低碳减排方面。多边开发银行、国家开发银行、私人部门和气候基金等众多参与者共同构建了多边开发平台，并利用已有及未来的创新工具，为基础设施建设项目提供稳定资金、技术保障和人才培养，进一步提高发展中国家的创新能力。为满足新的大规模的融资需求，多边开发银行所发挥的作用在加强，所扮演的角色也将进一步转变。多边开发银行以及国家开发银行可以发挥的作用包括以下几个方面。第一，通过提供能力建设和体制改革促进发展中国家的公共投资管理体系，其中包括对主要基础设施投资项目进行的环境影响测评、成本收益分析、对环境社会影响的事前评估，进而提高主体规划的设计质量。第二，提高地区内对可持续性基础设施开发方面的彼此协调。共同提出有关地区可持续性基础设施项目的总体规划，加强各国之间在地区可持续性基础设施项目上的沟通与交流。第三，创新基础设施项目融资模式。政府投资以及官方发展援助是创造有利融资环境的催化剂，多边开发银行可以借此引导私人投资流向气候变化以及绿色增长等领域，同时推动技术转移、试点项目及最佳实践的共享，推动基础设施、发电站等项目的 PPP 模式创新。此外，对新融资产品的开发和实验也是多边开发银行发挥影响的重要方面，以基础设施债券、绿色债券为例，均可以推动基础设施项目的建设。第四，推动可持续性基础设施融资。目前在全球资本市场领域，世界储蓄金额并不低，但是对如何将储蓄转化为实际投资需求的投资机会却存在着切实风险，开发银行在将存款与投资需求对接方面存在天然优势，能够以乘数的放大效应撬动私人部门资本的参与。

四 多边开发机构通过国际贸易推动可持续发展目标实现

国际贸易是实现可持续发展目标的重要手段。在世界上各个多边开发机构中，世界贸易组织是通过贸易手段促进可持续发展目标实现的主要机构之一，在建立一个普遍、有章可循、开放、非歧视和公平的多边贸易体系，促进世界各国完成可持续发展目标方面发挥着重要作用。

世界贸易组织成立于 1994 年 4 月 15 日，是当代最重要的国际经济组织之一，拥有 164 个成员，成员贸易总额达到全球的 98%，有"经济联合国"之称。世界贸易组织的宗旨与联合国可持续发展目标一致，其中包括：①提高生活水平，保证充分就业和大幅度、稳步提高实际收入和有效需求；②扩大货物和服务的生产与贸易；③坚持走可持续发展之路，各成员方应促进对世界资源的最优利用、保护和维护环境，并以符合不同经济发展水平下各成员需要的方式，加强采取各种相应的措施；④积极努力确保发展中国家，尤其是最不发达国家在国际贸易增长中获得与其经济发展水平相适应的份额和利益，建立一体化的多边贸易体制；⑤通过实质性削减关税等措施，建立一个完整的、更具活力的、持久的多边贸易体制；⑥以开放、平等、互惠的原则，逐步调降各会员国关税与非关税贸易障碍，并消除各会员国在国际贸易上的歧视待遇；⑦在处理该组织成员之间的贸易和经济关系方面，以提高生活水平、保证充分就业、保障实际收入和有效需求的巨大持续增长，扩大世界资源的充分利用以及发展商品生产与交换为目的，努力达成互惠互利协议，大幅度削减关税及其他贸易障碍和国际贸易中的政治歧视。

在未来的工作任务方面，世界贸易组织将进一步推动多哈发展议程，完成各项谈判，推动和促进发展中国家出口增长，尤其是到 2020 年将最不发达国家在全球出口中所占份额翻一番。根据以往通过的各项决定，世界贸易组织在未来也将致力于落实在长期内给予所有最不发达国家免关税和免配额市场准入待遇，包括确保适用于最不发达国家进口产品的优惠原产地规则做到简单、透明、有利于促进市场准入。

除此之外，2014 年 12 月联合国环境规划署还启动了环境与贸易中心计划，协助各国通过可持续贸易实现 2030 年可持续发展目标。可持续贸易在很多领域都发挥了积极作用，如粮食安全和可持续农业、水和卫生设施的可持续管理、现代能源的利用以及应对气候变化等。

五　多边开发机构未来挑战

多边开发机构在过去一直为联合国发展目标提供重要支持，并积累了很多相关的知识、经验以及其他方面的优势，特别是在各个国家层面和区域层面促进可持续发展目标的实施方面。在具体发展目标上，2030 年可持续发展目标中很多目标的落实都得到了多边开发机构的支持。面向未来，多边开发机构也面临着很多挑战。

首先，最严峻的挑战之一是现有全球资源并没有得到充分调动，未来应更多地鼓励政府、私人部门以及公民社会等多方面力量参与。这方面比较典型的例子是在金融领域，现有金融渠道和框架尚未充分挖掘资金潜力，有必要强化多边银行的作用。

其次，在很多国家和区域的项目中，多边开发机构之间、多边开发机构与国家之间缺乏应有的协调。联合国 2030 年发展目标的执行手段中，既包括筹资、技术、能力建设及贸易，还包括系统性议题，例如政策和体制一致性以及多利益相关方关系等。在调动和分享知识、专长、技术和财政资源，以及支持所有国家尤其是发展中国家实现可持续发展目标方面，还可以通过形成合力发挥更大作用。各个国际组织目前也开始在彼此协调配合方面进行尝试，采取措施配合可持续发展 2030 目标的顺利进行。在 G20 安塔利亚峰会上，G20 就成立了低收入发展中国家框架（Low‑income Developing Countries Framework），以便更好地促进 G20 发展议程与 2030 议程的深度配合与统一。

最后，多边开发机构未来面临深层次改革问题。以多边开发银行为例，包括中国在内的很多国家都在敦促多边开发银行进行深层次改革，通过一系列措施进一步优化银行投融资审核及运营程序，充分调动资金资源，达到资源最优使用效率。在优化资产负债表方面，以及在贷款条件上（conditionality），不同的多边开发银行有不同做法。此外，如何更好地在多边开发机构中体现出发展中国家的声音，推动发展中国家 2030 年可持续发展目标实现，通过推动多边开发机构深化改革是其中的一个解决方案。

第三节　全球性多边开发融资理念：以全球价值链为视角

联合国工业发展组织的定义指出，全球价值链是指为实现商品或服务价值而连接生产、销售、回收处理等过程的全球性跨企业网络组织，涉及从原料采购和运输，半成品和成品的生产和分销，直至最终消费和回收处理的整个过程。当前，全球经济正经历着深刻的变化。一方面，外国直接投资的迅猛发展使国际商业活动越来越跨出国界范围；另一方面，在国际分工基础上形成的全球产业链变革，使得中间产品交易变得更加频繁。联合国贸发会议发布的2013年《全球价值链和发展》报告显示，发展中国家目前正通过发挥各自比较优势，逐步参与并确立在全球价值链中的地位。

生产分工日益细化，生产工序不断增加，生产链条逐步拉长，产品的不同生产环节分别在各个国家进行，形成"全球价值链"。国际贸易被赋予了新的内涵，各个国家在产品制造的特定阶段扮演专门的角色。以中国为例，中国通过不断完善基础设施建设，吸引外资，促进加工制造业的发展，成为"世界工厂"。以俄罗斯和南非等为代表的具备资源及能源优势的国家，则成为全球价值链中的能源、资源及原材料供应者。总体来看，发展中国家在过去主要依靠原材料和加工出口为主，在技术、市场组织、营销渠道、品牌等方面并没有取得优势地位。全球贸易的迅速增长，对于许多发展中国家，特别是低收入国家而言，意味着如果能够有效融入全球价值链中，将会带来增长与发展的机会。

多边开发银行为发展中国家提供融资服务，为发展中国家更好地参与全球价值链提供资金帮助。目前，多边开发银行在协助发展中国家获取供应链融资中扮演的角色变得越发重要。以创新贸易投资为例，多边开发银行制定的创新贸易金融模式为新兴市场和第二梯队、第三梯队银行注入了生机，同时也为在此次经济动荡时期成长为基础力量的中小企业提供了支持。

在全球价值链日益整合的时代，国际多边融资机构的发展理念，也需要从单一项目、单一工程，向统合上、下游产业的一揽子投资模式发展。由点及面，我们也可以用全球价值链合作的思路，来进一步完善我们的发展融资理念。

专栏二：尼泊尔的生姜种植业与全球价值链 ·············

2013 年，尼泊尔的生姜产量占全球的 12%，在印度和中国之后，居世界第 3 位。同时，尼泊尔的生姜出口数量，也位列世界第 3。但是尼泊尔的生姜价格却始终维持在较低水平。根据联合国粮农组织的数据（ADB 的报告也引用过这个数据）：中国出口的生姜产品折合单价，为每吨 833 美元，印度是 1173 美元，荷兰是 1407 美元，而尼泊尔只有 195 美元。价格如此之低，尼泊尔实际上难以从生姜贸易中得到实惠。

一、尼泊尔出口生姜的现状：低产品附加值

其一，品质。在尼泊尔的很多主产区，生姜品种尚未改良，纤维多、质地老。此外，由于缺少自动化的清洗、分拣等设备，尼泊尔的生姜大多没有处理过就出口了。

其二，缺乏下游高附加值产业。生姜具有很多高附加值的用途，但是，上述行业在尼泊尔却没有生存空间，这不仅是由于市场需求的对接有问题，而且也有基础设施落后方面的原因。尼泊尔的生姜产业，在基础设施、转运贸易等环节面临着严重的制约。根据世界银行在 2012 年公布的世界发展指标，印度每百平方公里的公路长度为 2226 公里，而尼泊尔仅为 121 公里，不到印度的十分之一。此外，尼泊尔现有的铁路里程，也几乎可以忽略不计。尼泊尔的水利、能源、交通等基础设施建设严重滞后，导致高附加值的下游行业无法生存。根据达沃斯世界经济论坛的《国际竞争力报告》，在 148 个经济体中，尼泊尔的基础设施质量排名第 132 位，该指标分值仅为 2.1 分（满分 7 分）。

基础设施的发展滞后，不仅导致生姜的深加工遇到了瓶颈，而且也使生姜的种植灌溉、储存运输难以使用现代化生产方式。结果是产品品质、生产效率都大受影响。例如，完成一单商品的出口，平均而言，尼泊尔需要一个半月，印度等南亚国家只需要一个月，而东盟国家只需半个月。

二、尼泊尔怎样融入全球价值链当中

在这样的条件下，尼泊尔和其最重要的贸易伙伴印度之间，以出口初级品、进口最终品的贸易结构为主。这种贸易结构，意味着尼泊尔在全球价值链中的边缘化地位。

假如要对尼泊尔这样的经济体进行投资，如果仅仅投资生姜的高附加值下游产业，例如医药、化妆品、糖果等行业，会因为水利、电力、交通基础设施的缺乏，而变得缺乏可行性。而如果直接投资于基础设施，可能也有问题。虽然基础设施具有正外部性，肯定会惠及下游的高附加值行业；但是，基础设施投资通常需要大量的资金，建设周期也长，投资方的利益在哪里？所以，不管从哪个角度来看，基础设施投资和其他高附加值的下游产业投资，都是不可分割的，应该作为一个整体进行规划。不过，即使尼泊尔境内的基础设施得到了完善，生姜的国内价值链得到了延伸，但在目前的陆锁状态下，尼泊尔的生姜也难以顺畅地融入全球价值链当中。

因此，与尼泊尔的投资合作，应强调两点：一方面是其国内产业链的延伸，通过基础设施、高附加值下游产业的一揽子投资规划，将尼泊尔的国内生姜产业价值链进行延伸，为尼泊尔带来更多的就业、税收和其他溢出效应；另一方面是和国际产业链的对接，通过国际尤其是中尼之间的交通基础设施建设，推动尼泊尔的生姜产业链融入全球价值链当中。

尼泊尔的情况具有一定的代表性，类似的情况在印度尼西亚，其海洋渔业本身也面临国内价值链短、附加值不高，对经济发展带动效果微弱等问题。因此，印度尼西亚的海洋渔业价值链延伸及其与国际对接，也是一个可行的方案。

第四节　多边开发合作项目案例

一　国际金融公司在巴基斯坦投资基础设施项目案例

目前在基础设施投资领域，25% ~ 30% 的投资在水基础设施领域，电领域基础设施投资比例达到 50%，电信占比达到 10% ~ 15%，交通约占 15% ~ 20%。在这其中，投资的 90% 用在了建设方面，剩余的 10% 主要投在了项目准备方面。在东亚、中东和北非地区，基础设施投资主要依赖于公共部门投入和国际贷款。全球金融危机发生后，国内投资和债券投资比例升高。目前中等收入以上国家吸引了投资中的绝大部分，这部分融资主要依靠官方发展援助和其他私营部门融资。国际金融公司（International Finance Corporation，IFC）针对机构投资者进行的调查问卷结果显示，保险公司、养老金公司以及其他基金公司未来理想的投资领域集中在基础设施项目，然而截至目前，它们的资金当中只有1% 投入到了基础设施领域，而且投资资金仍主要来自成熟的国内市场而非新兴国外市场。传统上，欧洲的主要银行是融资的主要提供方，目前欧洲各个银行的市场份额都在降低。澳大利亚、日本、美国和一些新兴国家银行获得了更多的市场份额。与此相伴的是这些国家在多边开发银行和投资领域中话语权和主动权的提升。

国际金融公司于 2007 年在巴基斯坦投资了一个电力项目，当时的巴基斯坦刚刚走出国内金融危机，整个国家处于电力紧缺的状态。在巴基斯坦国内，建设成本一直居高不下，高能源成本与有限补贴的矛盾，导致输配电公司一直在负债运行。私人部门对该领域缺乏投资意愿。国际货币基金组织（IMF）为巴基斯坦提供了较多贷款和资金支持，该国政府也希望能够与 IMF、世界银行以及亚洲开发银行合作，实现国家重建与振兴。建立低成本电力供应体系，一方面有助于降低整个工业体系成本，另一方面也可以更好地满足日益增长的电力需求。

国际金融公司于 2007 年开始参与巴基斯坦电力项目，2013 年该项目建设完工，额定功率或输配电总量达到 15 兆瓦，投资总额达到 1.31 亿美元，使 27 万人受益。从该项目的融资结构看，融资包括资本融资和股本融资以及债权融资。75% 是举债投资，国际金融公司出资额达到 2250 万美元，通过荷兰国家开发银行（FMO）融资 2250 万美元，由多边开发银行商业银行集团融到 5400 万美元。在股本领域，国际金融公司提供了 300 万美元，并以此为杠杆撬动了巴基斯坦一家私营公司 1480 万美元的投资。

在需求端，巴基斯坦当地的一个国有输配电公司签署了 20 年期的能源供应合同和采购合同。此外，该公司还建立了德国和巴基斯坦之间的合资风能企业，做相关能力的补给。截至目前，该项目的运转非常顺利。

巴基斯坦电力项目的典型特点是：低收入、高挑战、高成本。在项目运作过程中，需要把握和处理好以下几个问题。

第一，需要更好地理解当地具有挑战性的微观环境，包括如何和当地政府及其他的开发银行建立合作机制。与不同私营部门合作需要不同的策略。联合融资过程中，涉及很多投资方，如何与众多机构和利益相关方进行合作，寻找当地非常有经验的投资者与之合作，建立有效的合作模式成为最大挑战。

第二，应合理应对并化解项目准备、建设以及运行中的各类风险。该项目主要有两类风险，第一类风险是融资风险。在巴基斯坦项目中，国际金融公司提供的直接融资总量非常可观，来自荷兰国家开发银行的融资水平也同样很高。由于进行了有效的税务制度安排，降低相应的税收支出，这会有效规避和减少在项目执行过程中的金融风险。第二类风险是运营风险，包括资源风险和建设风险两个方面。这方面的风险属于市场短风险，可以通过与当地有经验、有资质的合同外包商和分包商合作来避免。此外，由于基础设施建设的投资回收期较长，如果能够获得政府担保来保证采购者，确认市场需求，将极大地降低市场风险。此外，也应密切注意所在国的宏观政治和经济的稳定性，确保如期兑现投资者的投资回报。

国际金融公司在巴基斯坦、菲律宾、科特迪瓦、加纳等地都开展了类似的项目。通过具体的合作项目，推动了当地经济增长与发展目标的实现。多边开发机构需要对目标国家、地区、国际金融市场等多方面因素进行实事求是的分析，因地制宜地找到合适的解决办法。在某个国家项目实施中积累的经验并不适宜简单地照搬照抄到其他国家。

二 多边开发银行合作融资方式助力巴基斯坦基础设施建设

亚洲基础设施投资银行自 2015 年 12 月 25 日正式成立,是一个政府间性质的亚洲区域多边开发机构,重点支持基础设施建设,成立宗旨是促进亚洲互联互通化和经济一体化的进程,并且加强中国与其他亚洲国家和地区的合作。亚投行总部设在北京,法定资本为 1000 亿美元。作为由中国提出创建的区域性金融机构,亚投行的主要业务是援助亚太地区国家的基础设施建设。在全面投入运营后,亚洲基础设施投资银行将运用一系列支持方式为亚洲各国的基础设施项目提供融资支持——包括贷款、股权投资以及提供担保等,以振兴包括交通、能源、电信、农业和城市发展在内的各个行业投资。[①]

鉴于基础设施项目规模大,风险高,多边开发银行通常会通过彼此合作,整合优势资源和专业优势进行联合融资,推动项目顺利实施。目前,亚投行已经与三家多边开发银行签订了合作谅解备忘录,这三家银行包括:亚洲开发银行、欧洲复兴开发银行以及欧洲投资银行,未来的合作领域将包括能源、交通、通信、农村和农业发展、城市开发、环境保护等。

2016 年 5 月 2 日,在德国法兰克福召开的亚洲开发银行(亚开行)第 49 届年会期间,亚投行行长金立群与亚开行行长中尾武彦签署了一项旨在增强两家机构合作关系的谅解备忘录,双方将

---

① 《亚洲基础设施投资银行协定》文本内容,亚投行网站,http://www.aiib.org/uploadfile/2015/0814/20150814022339326.pdf。

在优势互补、创造附加值、加强制度实力、发挥比较优势以及互利的基础上，加强包括战略和技术层面在内的合作。其中，首个项目预计将是巴基斯坦的 M4 高速公路。

根据亚投行网站内容介绍，M4 高速公路是一条连接巴基斯坦旁遮普省绍尔果德与哈内瓦尔的四车道 64 公里长高速公路。该路段以前没有高速公路。2009 年，巴基斯坦时任总理优素福·拉扎·吉拉尼曾参加了 M4 项目的开工仪式，按照既定计划，该项目应该于 2012 年完成建设。但由于一些路段特别是绍尔果德至哈内瓦尔段，受资金短缺影响，不能如期完工。该项目建设中，审批环节没有问题，征地有关程序也已基本完成，主要问题是资金短缺。以多边开发银行联手提供融资的创新型融资模式，在这一情况下以更为灵活的方式解决了该项目的资金问题，其中，亚投行 1 亿美元的贷款成为撬动各方资金的重要一笔。

该段高速公路建成后，将为巴基斯南部与北部之间提供更为便宜、快速和安全的出行方式，为该国的经济与社会发展做出贡献。此外，M4 高速公路具有非常重要的战略意义，不仅能促进商贸和就业，还有助于消除贫困、改善基础交通的质量和效率、促进包容性增长。

与双边投资或以往的国际金融机构投资不同的是，M4 高速公路项目代表了一种新型的国际金融机构的联合融资尝试。它最初是由亚洲开发银行牵头融资，现在则由亚投行、亚开行和英国国际开发部（UK Department for International Development，DFID）合作推进。

M4 高速公路的总造价为 2.73 亿美元（见表 4 - 3），由亚投行、亚开行以及英国国际开发部共同融资，其中亚开行将成为主要共同出资人，代表其他的共同出资人管理该项目。巴基斯坦国家高速公路管理局（The National Highway Authority of Pakistan）是具体执行单位。

表 4 – 3   巴基斯坦 M4 高速公路项目融资方案

来　源	金额（百万美元）	占比（%）
亚投行	100	36.6
亚开行	100	36.6
英国国际开发部	34	12.5
巴基斯坦政府	39	14.3
总　额	273	100

资料来源：根据亚投行网站资料整理。

在众多资金来源中，亚投行提供为期 20 年、金额为 1 亿美元的贷款，宽限期为 5 年，利率水平按照亚投行在主权国家担保债务的标准利率水平执行，还款期限为 12.75 年，承诺承担费（commitment charge）为每年 0.25%。亚开行提供 1 亿美元资金，英国发展部提供约 3400 万美元的等价物。其中，亚开行贷款协议生效，以英国发展部资助协议（grant agreement）以及亚投行与亚开行之间的项目共同融资协议的签署为前提。该项目投资计划见表 4 – 4。

表 4 – 4   巴基斯坦 M4 高速公路项目投资计划

编　号	金额（百万美元）
A 基准费用（2015 年 12 月价格）	245.7
B 不可预见费（contigencies）	17.0
C 项目执行期间融资费用（financing charges）	10.3
A + B + C 费用总和	273.0

该项目决定采用亚开行《保障政策声明（2009）》（Safe-guard Policy Statement，ADB SPS），因为该规定与亚投行协议条款一致，并与亚投行环境与社会政策规定以及其他相关环境与社会标准一致。该项目被归类为：环境 A 类、非自愿迁徙 A 类，土著民族 C 类标准。上述标准的分类体现项目合作各方对项目产生的环境与社会影响的深度评估，并为受项目土地征收以及非自愿迁徙做出妥善安排。亚开行调查结果表明在项目区域中没有土著民族。

在多边开发银行的创新融资模式下，M4 高速公路项目的可持续性也得到了较好的保护，社会、环境标准得以贯彻执行。例如，M4 高速公路整体的环境影响评估由亚开行以及巴基斯坦政府在2007 年准备并审核完成，并随着 M4 的实施不断更新，上述信息于2016 年 3 月在亚开行网站公布。① 环境管理计划（Environment Management Plan，EMP）对如何最小化建筑及运行阶段影响提出了解决措施。在施工之前，承包商将会更新 EMP，将其变为针对具体现场的环境管理计划（Specific Site Environment Management Plan，SSEMP）。SSEMP 会对具体风险进行评估，针对现场问题，提出解决方案。

---

① http：//www. adb. org/projects/documents/pak – national – motorway – m4 – gsks – af – mar – 2016 – eia.

第五章　可持续发展全球伙伴关系：中国的实践

　　随着中国国际地位的日渐提升，其在国际发展领域的影响力也日益扩大，因而国际社会对中国承担更多国际合作责任的期许也越来越大。在第 70 届联合国大会及其系列峰会上，中国做出了建立中国—联合国和平与发展基金、设立"南南合作援助基金"、免除部分国家的政府间无息贷款债务、设立国际发展知识中心等多项实质性的承诺，充分展现了中国为全球可持续发展承担自身国际责任的决心和勇气，表明中国已经成为全球可持续发展的重要贡献力量。接下来，中国应该考虑的就是如何践行和实现这些国际承诺，这就涉及中国如何参与可持续发展全球伙伴关系的问题，也是本研究讨论的核心问题和落脚点。本章首先将基于中国的基本国情和发展现实分析中国可能在可持续发展伙伴关系中扮演什么样的角色，如何进行合适的自我定位；在此基础上，重点探讨中国参与联合国 2030 年可持续发展议程及可持续发展全球伙伴关系的基本原则、具体实践、详细思路和路径，以期为中国参与联合国 2030 年全球发展议程提供一定的政策参考和启示。

第一节　中国在可持续发展全球伙伴关系
中的角色和定位

一　2030 年发展议程对中国的影响

2030 年发展议程从经济、环境、社会、安全、全球发展伙伴关系等多个方面提出了全球未来 15 年的发展目标和方向，必将对中国未来的国内发展政策制定造成很大影响，也将深刻改变中国未来的国际发展合作模式。从宏观方面来讲，2030 年发展议程对中国经济发展的影响相对较小，对社会发展和环境可持续性方面的影响则相对较大；但从微观方面来讲，每一方面内部的不同指标受 2030 年发展议程的影响程度也差异较大。

（一）国内发展方面

1. 经济方面

SDG8 和 SDG9 是关于经济发展方面的目标，从经济发展量的方面来讲，SDG8 提出"确保最不发达国家 7% 的年均增长率以及人均收入的同步增长""到 2030 年实现充分就业"，SDG9 提出"建设可靠、高质量的基础设施"。一方面，2015 年中国经济增速为 6.9%，李克强总理强调，"十三五"期间中国经济保持中高速增长的条件没有改变，发展前景依然十分广阔，中国有能力长期保持经济中高速增长，这就意味着中国"十三五"期间实现 6.5%以上的经济增长率是可能的，从而"到 2020 年城乡居民人均收入比 2010 年翻一番"的目标也将随之实现；另一方面，中国长期重视基础设施建设，随着中国"一带一路"及全球互联互通政策的提出和实施，不仅跨国界的基础设施建设投入会增加，国内相应的基础设施建设规模也会进一步扩大。有鉴于此，从经济发展量化指标来看，SDGs 经济目标不会给中国的经济增长造成压力。

　　然而，如果从经济发展质的方面来讲，SDGs 对中国的影响则相对大很多。SDG8 提出"实现包容和可持续的经济增长""通过多样化、技术升级和创新提高生产率"，SDG9 提出"促进包容和可持续的工业化，培养创新能力"，具体包括"升级基础设施，改造产业使其高效利用资源、更多采用清洁和环境友好型技术""促进科学研究，提高产业部门的技术能力，包括鼓励创新、增加研发人员和研发支出"等。可见，在经济发展方面，SDGs 摒弃了传统的单纯依靠资源投入的生产方式，侧重于依靠技术升级和创新实现工业化和可持续增长，这对中国的经济增长在短期内构成一定压力，因为中国目前的经济增长仍然主要依靠资本和劳动力的投入，实现技术驱动尚有很长一段路要走，更重要的是，中国的创新能力远低于全球主要的发达国家，经济发展方式转变所需的创新驱动力亟待提升。

　　衡量一国科技创新水平和能力的定量指标有专利申请数、研发投入、科研人数等。第一，以专利申请数来看。2012 年，中国每百万人口的专利申请数为 415.62 个，大约只有日本和韩国的 10%，德国的 20%，不到美国的 30%，也明显低于英法等其他主要的发达国家。各国企业、科研机构和个人申请国际专利的主要途径是通过世界知识产权组织管理的专利合作协议（Patent Cooperation Treaty，PCT）这一平台。2012 年，中国每百万人的国际专利 PCT 申请数是 13.79 个，而主要发达国家的国际专利 PCT 申请数分别为韩国 235.72 个、日本 341.19 个、德国 233.13 个、美国

165.19 个、法国 118.76 个、英国 77.30 个，与各发达国家的差距很大。① 可见，以人均专利申请数来看，中国与主要发达国家的创新能力相差甚远。第二，以科研支出来看。2011 年，中国的科研支出占 GDP 的比重为 1.84%，远低于主要的发达国家（韩国 3.74%、日本 3.26%、德国 2.84%、美国 2.77%、法国 2.25%）。②第三，以研发人员来看。2011 年，中国每百万人口中从事研发的人员数量为 2107 人，而同时期主要发达国家的每百万人口中研发人员数分别为韩国 7415 人、日本 6832 人、德国 6933 人、法国 6328 人，中国尚不足主要发达国家的 1/3。③科研支出和研发人员方面的巨大差距再次表明，中国的创新能力与发达国家相比相差较大。这就意味着，中国要实现 2030 年发展议程经济发展的质化指标，就必须尽快提高创新能力，实现经济发展方式转变。中国目前也提出将在"十三五"期间积极推动万众创新、全民创新，着力实施创新驱动发展战略，但经济发展方式转变和创新驱动都不是短期内能够完成的，所以，从经济发展的质量来讲，SDGs 在短期内会给中国造成一定压力。不过从长远来看，因为 SDGs 的经济目标与中国经济发展目标如发展方式转变和结构转型等较为一致，所以其对中国经济发展的影响相对较小。

2. 社会方面

SDGs 中关于社会发展方面的目标涉及根除极端贫困和饥饿，改善医疗、教育、性别平等、饮用水、人居条件以及国际和国内的

---

① 数据来自世界知识产权组织数据库。

② 数据来自世界银行世界发展指数（World Development Indicater，WDI）数据库，韩国和日本的数据为 2010 年。

③ 数据来自联合国教科文组织。

不平等等，不同指标对中国社会发展的影响程度不同。根除贫困是 2030 年发展议程的首要目标，是对 MDGs 减贫目标的延续。作为第一个提前实现 MDGs 减贫目标的发展中国家，中国积累了丰富的减贫经验和条件，因而中国应该能够顺利完成 SDGs 根除极端贫困的目标。在 2015 年减贫与发展高层论坛上，习近平总书记郑重宣布，未来 5 年将使中国现有标准下 7000 多万贫困人口全部脱贫。这就意味着，在 2020 年之前，中国就将提前完成 SDGs 设定的 2030 年根除极端贫困的目标。与此同时，中国近几年的医疗、教育等社会条件也获得了极大的改善，基本上都完成了 MDGs 的目标设定。因此，如果仅从社会发展的水平来看，SDGs 中的这几项社会目标不会对中国的社会发展构成压力。

然而，如果从社会发展的结构来看，中国的情形并不乐观，尤其是对于 SDGs 中首次提出的国内不平等问题，中国的问题尤为突出。不平等主要包括收入不平等、教育不平等、就业机会不平等，涉及区域间、城乡间、性别间等。基尼系数是衡量收入不平等的重要依据。收入不平等的国际警戒线是基尼系数为 0.4，2008年，中国的基尼系数达到历史最高水平 0.491，远高于国际警戒线，尽管此后有所改善，但 2015 年中国的基尼系数仍然高达 0.462，收入不平等程度依然非常严重。区域之间、城乡之间甚至不同学校之间的教育资源分布很不平衡，质量差距显著，中国仍然面临改善教育资源不平等、平衡义务教育发展的艰巨任务。就业机会不平等在性别、城乡之间表现尤为明显。在性别不平等方面，女性在就业市场受到明显的歧视，她们所从事的职业整体上更偏向于低技能和辅助性，享受的薪酬待遇也远低于男性；在城乡不平等方面，尽管城市化为农村人口进入城市带来了机遇，但是由于受到户籍制度的限制，他们无法享受与城市人口相同的就业机会和保障。不平等容易引发弱势群体的不满和社会动荡，威胁和谐社会的构建和经济健康发展，是中国未来可持续发展不可小视的一大挑战。总而言之，从社会发展的均衡性和公平性来讲，后2015发展议程对中国的社会发展提出了较高的要求，是其影响中国未来发展的重要途径。

需要指出的是，在SDGs的169个子目标中，只有约30个进行了量化并规定了最后实现期限，且这近30个指标几乎都属于社会发展领域，基本上囊括了所有社会发展问题，唯独对不平等没有量化，这恰好是中国社会发展最大的问题和挑战，因此，如果单纯从审查和评估的角度来看，SDGs并不会给中国的社会发展带来实质性的压力。但是，中国一直是联合国发展议程的坚定支持者和践行者，中国自身也处于全面建成小康社会（2020年）的决定性阶段，所以中国必将积极发挥引领作用，不遗余力地推进本国以及全球的可持续发展进程，从而承担SDGs带来的社会可持续发展压力。

3. 环境方面

2030年发展议程又称为"可持续发展议程"，在很大程度上是因为它再次重申了1992年里约峰会的环境可持续发展目标，凸显了环境保护的重要性，这方面的目标也是世界各国分歧和争议最大的部分。实际上，强调环境保护有两层含义：其一，各国应该合理利用各种自然资源，积极应对环境破坏和气候变化等问题；其二，这体现了发展观的转变，未来的经济发展将以一种"绿色"、可持续的方式进行，以避免对环境构成威胁，即坚持"绿色经济"理念。对于发达国家而言，"绿色经济"仅仅是原有工业设施和技术的绿色化改造问题，而对发展中国家而言则要同时完成工业化和绿色化，这对于尚未解决贫困和温饱问题的发展中国家无疑是一个两难的选择。因此，对于中国等广大的发展中国家而言，SDGs的环境可持续发展目标并非仅仅指环境保护，更重要的是要协调经济发展与环境保护之间的矛盾，这实际上就构成了一种"倒逼"机制，迫使这些国家不得不提高环境保护在国家发展战略中的地位。

中国虽然强调经济、社会、环境的全面可持续发展，也早已将环境可持续发展纳入国家发展战略，但与此同时又一直强调以发展经济为第一要务，以提高人民群众生活质量和发展能力为根本出发点和落脚点，在此基础上全面推进经济绿色发展、社会和谐进步。正因如此，中国的环境保护进展远远落后于经济进步。通过考察中国2010~2015年的千年发展目标实施进展可以发现，在过去的15年里，中国已经完成或者基本完成13个MDGs子目标，全球发展伙伴关系中的7个子目标也有望实现，唯有环境保护特别是生物多样性指标无法按期完成。与此同时，中国的环境问题仍然很严重：水和土壤污染、固体废物污染、汽车尾气污染等各种污染继续挑战环境的承载能力，废物处理设施和能力却明显缺乏；生物多样性持续减少，修复和保护资金却严重不足，人们的环保意识也急需提高。

有鉴于此，SDGs中的环境目标也会迫使中国不得不更加重视环境可持续发展，这对于已经进入经济结构调整和经济发展方式转变的关键时期的中国而言，无疑是一个很大的挑战，也是SDGs对中国未来发展施加压力的最主要方面。可持续发展寻求的是经济、社会、环境三大支柱的均衡发展，如何补齐生态环保短板，统筹经济发展与环境保护，确保两者的均衡、协调发展，是未来中国必须破解的可持续发展难题。

（二）国际发展合作方面

在 MDGs 中，中国作为发展中国家，可以不履行 MDG8 即国际发展合作方面的国际责任；而 SDGs 对全球各国具有普适性，所以中国也必须适当履行 SDG17 的国际义务。更重要的是，随着中国近年来经济实力的逐步增强和国际地位的日益提升，国际社会对中国承担更多、更大国际责任的期待越来越高，中国已无法继续采取谨慎被动的处理方式了。中国应当积极参与新的全球可持续发展议程，尽力满足国际社会的"期待"。毫无疑问，中国必将在 2030 年发展议程的实施过程中发挥举足轻重的作用，将对促进全球共同发展产生重大影响。换而言之，参与实施后 2015 发展议程的过程就是中国在新的全球治理环境中寻求更大话语权和发展空间的过程。然而，令人不得不担忧的是，发达国家甚至某些发展中国家可能会借 2030 年发展议程模糊"共同但有区别的国际责任"，迫使中国承担更大的"共同责任"，这将给仍为发展中国家的中国造成一定的国际舆论压力。

后 2015 发展议程在为中国带来机遇和挑战的同时，也将影响中国未来国际发展合作的具体方式。SDGs 在国际发展合作方面提出了诸多设想和目标，中国的国际发展合作也可能根据这些目标做出调整。首先，非政府部门在中国后 2015 发展进程中的作用将提升。SDG17 指出，应增强可持续发展全球伙伴关系，为此需要构建有效的囊括公共部门、私人部门、民间社会团体等多元利益相关者的伙伴关系。对此，发达国家和部分新兴经济体（如巴西）

做得较好，而中国与发达国家对非政府部门的高度重视和大力支持的情况则大为不同。尽管近年来，中国的民间社会团体和私人部门的数量逐渐增加，也逐渐参与到国家的发展规划中，但是民间社会团体和私人部门的作用是被严重忽视的，与政府部门相比，它们在市场进入和运作等方面受到诸多不平等的待遇，而政府部门针对这些非政府部门的规范和监督机制又十分匮乏，导致它们对社会发展的参与更加受限。不可否认，政府部门是实现可持续发展的主导力量。然而，政府部门的力量毕竟是有限的，而且可能存在各种限制。私人部门的参与不仅可以弥补政府部门扶持资金的不足，而且能够帮助监督可持续发展的进展，尤其是它们在项目合作方面往往拥有更为先进的经验和技术，更拥有非政府身份优势，是可持续发展进程不可或缺的参与力量。因此，可以想见，为了顺利实现 2030 年发展议程，中国会提高非政府部门在国际发展合作中的地位和作用，并逐步构建新型的发展伙伴关系。

其次，和平与安全支出可能会增加。2030 年发展议程指出，没有和平的环境是无法实现可持续发展的，必须构建和平、公正的社会，解决各种暴力、动荡、脆弱的治理、非法的资金和武器流动等问题，这是和平与安全问题第一次被纳入全球发展议程。为了维护和平与安全，中国在联合国大会上也做出了诸多承诺和行动，而且未来中国在这方面的支出可能会继续增加。这一方面是为了营造和平的发展环境，另一方面是为了避免中国在发达国家借和平与安全问题干预别国内政、肆意挑起战争时太过被动。

再次，知识合作在中国对外援助中的比重将上升。SDG17 专门提出了"能力构建"（capacity – building）指标，而知识合作是能力构建中极为重要的一环。一直以来，中国在对外援助中大多采取资金援助的形式，而发展知识的传播多是靠"中国模式"自然的外溢效应。随着"南南合作"的不断深入以及中国近几年国际贡献的增加，中国自身的发展、减贫、援助模式和经验被越来越多的人认可和接受。在以后的国际发展合作中，中国在提供资金的同时，可能会更加注重发展经验和知识的传播，"软""硬"结合，不仅可以增强援助的效果，而且可以提高"软实力"或影响力。中国在联合国大会上提出将设立国际发展知识中心，该中心可能会成为中国知识合作的重要载体。

最后，"南北合作"和三方合作在中国国际发展合作中的地位将上升。中国在开展国际合作时始终坚持发展中国家的基本立场，以"南南合作"为基本立足点。随着中国综合国力和国际地位的日益提升，在巩固和深化"南南合作"的基础上，中国也在逐步拓展"南北合作"和三方合作的空间，加强与发达国家之间的合作。然而，中国与发展中国家之间主要是减贫与经济发展知识的交流与共享，而后2015发展议程尤为强调环境可持续发展及其与经济、社会可持续发展之间的相互影响，特别是发展"绿色经济"、应对气候变化等方面的问题，这恰是中国和其他发展中国家都面临的发展困境，仅靠"南南合作"是无法顺利解决的。而发达国家在"绿色经济"及可持续发展方面积累了相对丰富的经验，能够为中国等发展中国家提供经验借鉴，所以加强"南北合作"势在必行。与此同时，中国作为崛起中的新兴经济体，不仅了解广大发展中国家的发展诉求，而且与发达国家的共通性也越来越多，是联系发达国家和其他发展中国家、推进三方合作的桥梁和纽带。无论从中国自身的发展来说，还是从促进其他发展中国家发展以及全球可持续发展进程来讲，"南北合作"和三方合作在中国未来的国际发展合作中将受到越来越多的重视。

二 中国参与可持续发展全球伙伴关系的能力评估

随着中国经济实力的增强和发展水平的提高，中国在联合国全球发展议程中的地位、身份已经发生了重要变化。

首先，在国际发展机构中，中国已经从受援国的角色，转变为一个重要的援助国。2007 年，中国在世界银行国际发展协会的会议上宣布将向世界最贫穷国家提供捐助和贷款。此后，中国不断通过联合国、世界银行、亚洲开发银行等多边机构，向其他发展中国家提供资金援助。例如，在没有正式机制向世行授予免息贷款的情况下，2013 年中国向世界银行提供了 10 亿美元的硬贷款，此后，又向世界银行提供了 3 亿美元的补助，通过这种渠道，为世界银行的贷款降低成本，因此从本质上来说中国也开始向世界银行提供重要的软贷款支持。[①]

其次，中国已经成为国际发展机构的重要合作伙伴，通过发展议程的讨论和协商，通过在发展机构中的股东国地位、援助国地位，中国发挥着越来越大的影响，成为连接南北合作的中坚力量。在 2013 年 10 月的第 68 届联合国大会上，中国再次以全票成功当选经济及社会理事会会员。自 1972 年以来中国一直连任该理事会会员，随着国际影响力的扩大，中国通过理事会为南北合作桥梁的搭建做出了积极的贡献。

最后，通过多边、双边等渠道，中国在技术合作、知识合作等方

---

① 肖恩·唐南：《世行针对中国 10 亿美元贷款展开内查》，英国《金融时报》，ht-tp：//www.ftchinese.com/story/001060496，最后访问日期：2015 年 3 月 25 日。

面也推动了南南合作的发展。例如，通过中非减贫与发展基金、中国—东盟社会发展与减贫论坛等对话机制，中国与亚非拉的发展中国家分享减贫经验，为一些国家的发展规划设计提供帮助。此外，中国还在努力推动金砖国家开发银行、亚洲基础设施投资银行的筹建工作。

如上文所述，随着中国经济发展水平的提升，中国在可持续发展全球伙伴关系中发挥作用的能力也在提升，而且，国际社会对于中国承担更多责任的呼声也在增强。不过，对于中国自身所处的发展水平，以及在全球发展议程中所起到的作用，我们还需要有客观的评估，这是未来中国在可持续发展全球伙伴关系中具体将扮演什么角色的一个基本出发点。

2009 年，中国出口贸易超过美国，成为全球第一大出口国；2010 年中国 GDP 总量超过日本位居世界第二；此外，中国的外汇储备规模也是连续十多年雄居全球第一，现今已经接近 4 万亿美元；根据国际货币基金组织的购买力平价数据，2014 年中国 GDP 规模超过了美国。[①] 但是过于强调这些指标，容易使我们对中国的发展阶段产生模糊的认识。

实际上，由于加工贸易在中国出口贸易中占到接近一半的比例，中国出口贸易在全球价值链当中仍处于低附加值的环节。即使在 2011 年，中国出口贸易的国内增加值比例也只有不到 70%，而同年美国出口贸易的国内增加值比例则接近 90%。[②] 根据这一数

[①] 数据来源：IMF，International Financial Statistics，2014，http：//www.imf.org/external/data.htm，最后访问日期：2015 年 3 月 9 日。

[②] OECD/WTO（2013），OECD – WTO：Statistics on Trade in Value Added，http：//stats.oecd.org/Index.aspx？DataSetCode = TIVA_ OECD_ WTO，最后访问日期：2015 年 3 月 3 日。

据口径，在 2011 年中国从出口中获得的增加值也未能超过美国，传统贸易数据夸大了中国从出口中获得的好处。同样，在中国的出口贸易中，2008 年外资企业出口占到了 58%，金融危机之后，这一比例虽然有所下降，但直到 2014 年也仍然高达 46%。① 出口是多年来中国经济增长的首要引擎，这就意味着国内生产总值（GDP）数据可能高估了中国经济的实际发展水平。从人均 GDP 水平来看，中国与发达国家的差距更大，2013 年中国人均 GDP 在全球排名第 85，仅为美国的 12.8%、日本的 17.6%。②

在海外资产方面，中国虽然拥有将近 4 万亿美元的外汇储备，但由于私人部门的海外投资数量较小，因此总体海外资产仅为 5 万亿美元左右。而日本 2013 年的海外资产总量有 7.58 万亿美元，其中外储仅为 1.27 万亿美元，剩下的 6.31 万亿美元，都是私人部门的海外投资。从包含官方和私人部门的全口径来看，日本的海外资产总量约为中国的 1.5 倍。③

因此，对于出口、经济总量、海外资产这些总量指标的认识，我们需要谨慎。如果再考虑到地区差距、城乡差距、环境透支等问题，则中国与上述发达国家的经济发展差距还要拉大。可见我们需要更加全面、客观地审视中国自身所处的发展阶段和发展水平，明确中国目前仍然是发展中国家。在此基础上，承担与中国

---

① 数据来源：Wind 咨讯。作者根据原始数据计算得到。
② 数据来源：World Bank, World Development Indicator Online, 2015, http://data. worldbank. org/data - catalog/world - development - indicators/，最后访问日期：2015 年 3 月 3 日。
③ 数据来源：IMF, International Financial Statistics, 2014, http://www. imf. org/external/data. htm，最后访问日期：2015 年 3 月 9 日。

发展水平相适应的国际责任和义务，客观、理性地参与未来的可持续发展全球伙伴关系，发挥中国作为发展中大国的独特影响力、提供中国发展道路的经验和知识。

第二节　可持续发展全球伙伴关系的中国承诺与参与

一　中国与后 2015 发展议程的制定

从制定后 2015 发展议程被提上日程伊始，中国就积极参与和配合联合国的讨论、磋商和制定进程，广泛听取来自国内各方的意见，为联合国后 2015 发展议程的制定提出了很多有益的意见。在 2015 年 9 月底的联合国大会及其系列峰会上，中国更是向全球做出了一系列的国际承诺，彰显了中国愿意和敢于承担与其自身能力相当的国际责任、与国际社会一道为实现全球可持续发展贡献力量的实力和气魄，也使国际社会听到了中国在全球发展和国际秩序构建方面的声音。

联合国非常关注中国对后 2015 发展议程的建议和态度，中国也高度重视联合国后 2015 发展议程的进展，与联合国各机构积极加强合作，就后 2015 发展议程的议题设定、基本原则等问题提出了中国的看法。在联合国发展计划署的支持下，2012 年 11 月、12 月和 2013 年 3 月，中国联合国协会（简称"联协"）分别在北京、昆明和北京举办了三次国家层面的非正式磋商，以广泛听取各阶层对后 2015 发展议程的意见，其中 75% 以上的与会者来自社会团体。他们就后 2015 发展议程展开了非常广泛的讨论，并集中关注 6 个主要领域，即减贫和包容性增长、环境保护和绿色发展政策、全球健康、女性和儿童、教育以及国际合作。其间，中国外交部也于 2012 年 12 月举办了一次多部委非正式磋商，讨论关于后 2015 发展议程的相关议题。2013 年 9 月 22 日，中国外交部发布了《2015 年后发展议程中方立场文件》（以下简称《立场文件》），阐述了中国对后 2015 发展议程的基本指导原则、重点领域和优先方向、实施机制等的立场和看法，并于 2015 年 5 月 21 日再次发布立场文件，除了重申 2013 年的基本立场之外，还尤其突出了全球发展伙伴关系构建、发展融资、全球经济治理以及后续的实施和监管问题等。《立场文件》清晰地向全世界公开表明了中国对后 2015 发展议程的期待和建议，说明中国已经充分意识到自身实力及国际地位提升的客观事实，并开始尝试在国际发展事务中发出更多的中国声音，以争取更大的主动权。

二　中国在可持续发展全球伙伴关系中的承诺

如果说《立场文件》是中国为 2015 年后的全球发展勾画的一幅美好愿景，那么中国在第 70 届联合国大会及其系列峰会上的表现和承诺则同时提出了中国为实现这一愿景坚定的实际行动。这些实际行动充分体现了中国负责任、肯担当的大国形象，发出了中国在国际舞台的时代最强音。中国国家主席习近平出席了联合国的系列峰会，在环境、社会、和平与安全、国际合作等多方面做出了实质性的承诺和表态。具体而言，在环境方面，习近平强调，国际社会应该携手同行，共谋全球生态文明建设之路，倡议探讨构建全球能源互联网，推动以清洁和绿色方式满足全球电力需求；未来中国将进一步加大控制温室气体的排放力度，争取到 2020 年实现碳强度降低 40% ~ 45% 的目标；中国愿意继续承担同自身国情、发展阶段、实际能力相符的国际责任，将推动"中国气候变化南南合作基金"尽早投入运营，支持其他发展中国家应对气候变化。在社会发展方面，习近平出席了全球妇女峰会，就促进男女平等和妇女全面发展方面提出 4 点主张，并承诺，中国将向联合国妇女署捐款 1000 万美元，用于支持落实后 2015 发展议程的相关目标；今后 5 年内，中国将帮助发展中国家实施 100 个"妇幼健康工程"和 100 个"快乐校园工程"，邀请 3 万名发展中国家妇女来华参加培训，并在当地培训 10 万名女性职业技术人员。在和平与安全方面，中国表示，要充分发挥联合国及其安理会在止战维和方面的核心作用，中国将始终做世界和平的建设者，坚定走和平发展道路，永不称霸、永不扩张、永不谋求势力范围。中国向联合国赠送了"和平尊"，进一步地，中国承诺，设立为期 10 年、总额 10 亿美元的中国—联合国和平与发展基金，支持联合国工作，促进多边合作事业；中国将加入新的联合国维和能力待命机制，决定为此率先组建常备成建制维和警队，并建设 8000 人规模的维和待命部队；在未来 5 年内，中国将向非盟提供总额为 1 亿美元的无偿军事援助，以支持非洲常备军和危机应对快速反应部队建设。在国际合作方面，习近平主席明确表示，中国将在联合国发挥一种不同于美国等发达国家的作用，中国将成为发展中世界的领导者和支持者，中国在联合国的一票永远属于发展中国家；中国正在增加对发展中国家的援助承诺，希望在国际社会中发挥更大作用。更重要的是，中国还采取了一系列的实际行动，例如，中国宣布将设立"南南合作援助基金"，首期提供 20 亿美元支持发展中国家落实后 2015 发展议程；继续增加对最不发达国家的投资，力争 2030 年达到 120 亿美元；将免除对有关最不发达国家、内陆发展中国家、小岛屿发展中国家截至 2015 年底到期未还的政府间无息贷款债务；将设立国际发展知识中心，同各国一道研究和交流适合各自国情的发展理论和发展实践；中国愿意同有关各方一道，继续推进"一带一路"建设，推动亚洲基础设施投资银行和金砖国家开发银行早日投入运营、发挥作用，为发展中国家经济增长和民生改善贡献力量。

在所有出席联合国 70 周年纪念活动的元首里面，中国主席习近平的行程是最丰富的，涉及的议题最广，提到的话题最多，做出的承诺最多，成果最丰硕。这些表态和承诺再次驳斥了国际社会关于中国逃避国际责任、借助国际体系"搭便车"的不实言论，充分展现了中国作为全球性大国的认知和担当精神，表明中国在现有的国际秩序中投入和贡献了很多，已经成为全球发展的突出贡献力量。毫无疑问，中国必将在后 2015 发展议程的实施过程中发挥举足轻重的作用，将对促进全球共同发展产生重大影响。

三 中国参与可持续发展全球伙伴关系的实践

（一）中国对全球千年发展目标的支持与贡献

2000 年联合国成员国一致通过了《千年宣言》和千年发展目标。之后，千年发展目标便成为中国制定国内减贫和发展战略的重要依据。特别是 2002 年中国政府提出全面建设小康社会的发展战略以后，中国政府便将实现千年发展目标的努力有机地融入全面建设小康社会的进程中。进入 21 世纪，中国的年均经济增长率都在 9% 以上，成为最早实现 MDGs 减贫目标的发展中国家。2015

年是千年发展目标的收官之年，中国在落实千年发展目标方面已
经取得了巨大成就，国际社会普遍认为，中国是在践行千年发展
目标方面做得最好、最有成效的国家。截至 2014 年底，在 MDGs
可以量化的 15 个子目标中，中国已经提前实现的目标有 7 个，基
本实现的有 6 个，很有可能实现的有 1 个，有可能实现的有 2 个，
只有 MDG7B 降低生物多样性损失即 "到 2010 年扭转生物多样性
损失" 这一目标没有如期实现。

　　中国是世界的重要组成部分，是世界上人口最多的发展中国
家，因此，中国的进展为全球实现千年发展目标做出了重大贡献。
在消除极端贫困和饥饿方面，中国以占世界不足 10% 的土地养活
了全球近 20% 的人口，营养不足的人口占比也从 1990～1992 年的
23.9% 下降到 2012～2014 年的 10.6%，① 是全球最早实现千年发
展目标中减贫目标的发展中国家。以 1.25 美元/天的标准计算，
1990 年全世界贫困人口总数为 19.08 亿人，到 2011 年贫困人口总
数下降到约 12 亿人，减少了约 7 亿人；同期，中国的贫困人口从
6.89 亿人下降到 2.5 亿人，减少了 4.39 亿人。据此可计算得知，
1990～2011 年，中国贫困人口减少的数量占同期全球贫困人口减
少总数的 62.7%，表明中国不但提前实现了本国贫困人口减半的
目标，而且是全球千年发展目标的减贫目标实现的最大和最主要
的推动力量。

　　不仅如此，在实现自我发展的同时，中国还积极通过 "南南
合作" 向其他发展中国家提供力所能及的帮助，间接为全球千年

---

① 中国外交部和联合国驻华系统：《中国实施千年发展目标报告（2000～2015
年）》，2015。

发展目标的实现做出了重大贡献。① 在过去的 60 多年里，中国向 160 多个国家和国际组织（其中发展中国家有 120 多个）提供了超过 4000 亿美元的援助，为受援国培养了 1200 多万名人才，为它们实现千年发展目标提供了坚实的资金和人力资源基础。

（二）中国对外援助的实践与成效

中国对外援助主要有成套项目、技术合作、人力资源开发合作、援外医疗队、援外志愿者、债务减免、一般物资和紧急人道主义援助共 8 种方式。可以看出，这 8 种方式实际上涵盖了可持续发展全球伙伴关系中的融资（援助和债务减免）、技术合作、能力建设（成套项目、人力资源开发合作、援外志愿者），同时中国也非常重视"促贸援助"方式，强调援助在促进受援国更好地参与多边贸易体系中的作用。鉴于此，我们将以对外援助为切入点，分析中国参与可持续发展全球伙伴关系的实践。

1. 中国对外援助的规模

1950 年，中国开始向朝鲜和越南两国提供物资援助，从此开启了中国对外援助的序幕。进入 21 世纪特别是 2004 年以来，在经济持续快速增长、综合国力不断增强的基础上，中国对外援助资金保持快速增长，2004 年至 2009 年平均年增长率为 29.4%。截至 2009 年底，中国累计对外提供援助金额达 2562.9 亿元，其中无偿援助 1062 亿元，无息贷款 765.4 亿元，优惠贷款 735.5 亿元。在全球金融危机期间，发达国家的对外援助呈下降趋势，

---

① 朱贵昌：《实现联合国千年发展目标：中国的贡献与经验》，《理论探讨》2015 年第 3 期。

2011 年 DAC 成员国提供的官方发展援助，比 2010 年的历史纪录实际下降了约 2.7%，① 2012 年又比 2011 年进一步下降了 1.4%。然而，2010 年至 2012 年，中国的对外援助规模则保持了持续增长，对外援助金额达到 893.4 亿元，其中无偿援助 323.2 亿元，无息贷款 72.6 亿元，优惠贷款 497.6 亿元。② 中国的对外援助在一定程度上缓解了发达国家对外援助削减所导致的发展中国家接受外援减少、发展资金短缺、融资困难以及危机复苏乏力的困境。

此外，中国先后多次宣布免除与中国有外交关系的重债穷国和最不发达国家对华到期无息贷款债务。自 20 世纪 50 年代至 2009 年底，中国与非洲、亚洲、拉丁美洲、加勒比地区和大洋洲的 50 个国家签署了免债议定书，免除到期债务 380 笔，金额达 255.8 亿元。2010~2012 年，中国进一步免除坦桑尼亚、赞比亚、喀麦隆、赤道几内亚、马里、多哥、贝宁、科特迪瓦、苏丹等 9 个最不发达国家和重债穷国共计 16 笔到期无息贷款债务，累计金额达 14.2 亿元。大幅减免发展中国家的债务，减轻其债务负担，使其摆脱债务造成的恶性循环，是发展中国家减贫和能力构建的前提。不过，中国并没有系统的债务减免框架，更缺少债务国债务不可持续后的债务重组框架，中国的债务减免和债务重组机制通常是单方面采取延长政府还款期或减免债务存量，极少与其他债权人协商开展。然而，发达国家的债务减免多是在 HIPCI 和 MRDI 框架下进行的，债务重组则是依据巴黎俱乐部的债务重组原则，因而多边债

---

① 如果剔除债务减免和人道主义援助，则实际下降 4.5%。

② 数据来自 2011 年和 2014 年的《中国对外援助白皮书》。

权人之间合作密切，债务减免和重组机制也相对完善。目前，中国正考虑是否加入巴黎俱乐部债务重组机制，学术界对此也是众说纷纭。

2. 中国对外援助的成效

（1）加强受援国的能力建设

中国的对外援助坚持"授人以鱼不如授人以渔"的理念，注重受援国的自主发展能力建设。在对外援助中，中国一般会通过开展成套项目、人力资源开发合作、技术合作、派遣援外志愿者等方式，与受援国之间分享发展经验和实用技术，帮助其培养人才，增强其自主发展能力。截至2012年底，中国共向120多个国家和多边组织提供了发展援助，帮助发展中国家建成约2600个与当地民众生产和生活息息相关的各类成套项目，主要涉及工业、农业、通信、电力、能源、交通等多个领域。这些成套项目，一方面通过改善受援国的基础设施水平提升受援国的生产和发展能力，另一方面还会通过具体项目帮助当地培养专门的技术和管理人才，服务于本国的自主发展事业。

技术合作是指由中国派遣专家，对已建成的成套项目的后续生产、运营或维护提供技术指导，就地培训受援国的管理和技术人员。技术合作是中国帮助受援国增强自主发展能力的重要方式。2010~2012年，中国共在61个国家和地区完成技术合作项目170个，向50多个国家派遣2000多名各类专家，在农业、清洁能源、政策规划等领域广泛开展技术合作，转让适用技术，提高受援国的技术管理水平，培养当地的技术人才。技术合作在农业领域最为广泛。2010年至2012年，中国对外援建49个农业项目，派遣1000多名农业技术专家，积极参与受援国的农业规划工作，将简单适用的农业技术推广给当地农民；举办近 300 期的研修和培训项目，开展农业管理与技术培训，培训了近 7000 名农业官员和技术人员。

人力资源开发合作是指中国通过多双边渠道为发展中国家举办各种形式的政府官员研修、学历学位教育、专业技术培训以及其他人员交流项目。截至 2012 年底，中国为发展中国家在华举办各类培训班达 5951 多期，培训人员约 17 万人次。与此同时，中国还向 60 多个国家派遣青年志愿者和汉语教师志愿者 8000 多名，内容涉及计算机培训、农业科技、艺术培训、工业技术、社会发展等。

（2）帮助受援国更好地参与多边贸易体制

中国是 WTO "促贸援助" 倡议的积极支持者和践行者，通过支持参与多边贸易体制、加强基础设施建设、提高生产能力、培养经贸人才等，促进其他发展中国家的贸易发展。

首先，支持受援国参与多边贸易体制。2008 年，中国设立了"最不发达国家加入世贸组织中国项目"，每年提供 20 万美元，2011 年后提升至每年 40 万美元，为最不发达国家举办加入 WTO 的相关研讨会，资助最不发达国家人员参加 WTO 重要会议和到 WTO 秘书处实习。2010 年至 2012 年，中国以促进贸易便利化及加入世界贸易组织为主题，举办了 18 期研修班，与发展中国家 400 余名政府官员分享经验。其次，改善与贸易有关的基础设施。2010～2012 年，中国援建受援国与贸易有关的大中型基础设施项目约 90 个，有效地改善了受援国的运输条件，扩大了区域一体化以及与其他地区的互联互通。再次，提高受援国与贸易有关的生产能力。中国援建了一批与贸易相关的生产性项目，在一定程度上提高了受援国相关产业的生产能力，满足了市场需求，优化了进出口商品结构，从而扩大了受援国的出口。例如2011年12月，中国在WTO第八届部长级会议期间，与贝宁、马里、乍得和布基纳法索"棉花四国"达成合作共识，通过提供优良棉种、农机、肥料，推广种植技术，开展人员培训，支持企业技术升级和产业链拓展，促进四国棉花产业的生产和贸易。最后，培养受援国的经贸人才。中国通过举办发展中国家经贸研修班、资助留学生项目等方式在华帮助受援国培养经贸官员和人才，同时还通过合作项目在受援国当地培养了大量熟识和懂得运用WTO多边贸易规则的专业人才。

（3）促进多边开发机构的发展

双边援助是中国对外援助的主要方式，但中国也积极支持联合国等多边开发机构和区域开发机构的发展。近年来，联合国等全球多边开发机构在发展援助领域的作用日益突出，尤其在推动发展筹资、实现千年发展目标以及制定和推动实施可持续发展目标等方面发挥着重要作用。中国通过自愿捐款、股权融资等方式，增强多边机构开展发展援助的资金基础。2010年至2012年，中国向UNDP、粮食计划署等联合国机构、世界银行、国际货币基金组织等国际机构累计捐款约17.6亿元。与此同时，中国也支持亚洲开发银行、非洲开发银行、泛美银行、西非开发银行、加勒比开发银行等地区性多边开发机构的发展。截至2012年，中国向上述区域开发机构累计捐资约13亿美元，累计向亚洲开发银行的亚洲发展基金捐资1.1亿美元。这些捐款主要通过设立技术合作基金来促进上述机构的能力建设。除了资金支持，中国也会积极与多边开发机构加强发展领域的交流和沟通，参加和支持多边机构举办的

论坛、会议、对话，如联合国发展筹资问题会议、联合国发展合作
论坛、援助有效性高级别论坛、海利根达姆进程发展对话、WTO
"促贸援助"全球审议等。

（4）三方合作成效显著

为了提高对外援助的效果，丰富对外援助方式，充分发挥合
作各方的比较优势，中国越来越注重与多边开发机构或其他国家
共同开展三方合作，并取得了积极的成果。其一，联合培训人才。
中国与多边开发机构联合举办各类培训班，帮助发展中国家培训
技术人员，例如中国、联合国开发计划署与柬埔寨三方成功开展
了"木薯种植技术培训班"项目，之后又启动了"扩大木薯出口"
合作项目。其二，联合派遣技术专家。中国与多边开发组织一起，
向发展中国家派遣专家，支持其他发展中国家在减贫、粮食安全、
贸易发展、人口发展、教育、环境保护等领域的发展。例如，截至
2009 年底，中国和联合国粮农组织合作累计向非洲、加勒比和亚
太地区 22 个国家派遣 700 多名农业专家和技术员。其三，联合开
展三方援助项目。2012 年 3 月，由中国出资设立的联合国教科文
组织中非多边教育合作信托基金正式启动，加大对非洲基础教育
的投入；2012 年 8 月，中国、新西兰和库克群岛就合作建设库克
供水项目达成共识，项目建成后将为当地民众提供安全卫生的饮
用水。最后，分享发展经验。中国与世界银行合作举办以能力建
设、基础设施建设为主题的国际发展合作研讨会，邀请发展中国
家政府官员参会，共享发展合作经验；中国与国际农业发展基金
连续五年开展南南合作研讨活动，共同分享农业发展和农村扶贫
经验；中国与亚洲开发银行连续举办五届研讨班，就亚太地区城
市建设与中小企业发展议题开展交流。

第三节　中国参与联合国 2030 发展议程的原则

自 2013 年以来，中国先后发布了三份关于可持续发展议程的立场文件，前两份文件重点阐述了中方对制定可持续发展议程的原则立场，第三份文件详细表达了中国认为各国参与 2030 发展议程应该秉持的原则、重点支持领域、实现路径以及中国自己落实该议程的政策导向。

一　和平发展原则

在开展国际合作的过程中，中国一直坚持和平共处五项原则，尊重各合作国自主选择发展道路和模式的权利，相信各国能够探索出适合本国国情的发展道路，绝不把提供援助或其他合作活动作为干涉他国内政、谋求政治特权的手段。中国认为，各国应秉持《联合国宪章》的宗旨和原则，坚持和平共处，共同构建以合作共赢为核心的新型国际关系，努力为全球的发展事业和可持续发展议程的落实营造和平、稳定、和谐的地区和国际环境。

二　合作共赢原则

实现可持续发展是国际社会的共同责任和使命，国际合作是实现全球可持续发展的必由之路。为了进一步推进国际合作的广泛和深入发展，确保全球发展目标得以实现，中方强调，"牢固树立利益共同体意识，建立全方位的伙伴关系，支持各国政府、私营部门、民间社会和国际组织广泛参与全球发展合作，实现协同增效。各国平等参与全球发展，共商发展规则，共享发展成果"。

三　全面协调原则

可持续发展是中国实现全面建成小康社会目标的必由之路。自 1992 年环境可持续发展目标提出以来，经过 20 多年的演变，可持续发展战略已经成为中国经济社会发展规划的重要组成部分，中国政府也制定了一些环境和生态保护的量化指标。这意味着中国已经具备了一定的实施可持续发展的经验，也在一定程度上具备了做出可持续发展国际承诺的能力。尽管如此，中国并未从根本上改变传统的发展方式，目前中国尚未实现的 MDGs 指标几乎都是环境和社会方面的。正因如此，中国尤为强调社会和环境可持续发展的重要性。鉴于此，中国指出，"坚持发展为民和以人为本，优先消除贫困、保障民生，维护社会公平正义。牢固树立和贯彻可持续发展理念，协调推进经济、社会、环境三大领域发展，实现人与社会、人与自然和谐相处"。

四　包容开放原则

中国内部的不平等问题十分突出，充分体现在收入差距、城乡差距、性别差距等方面。因此中国认为，应当"致力于实现包容性经济增长，构建包容性社会，推动人人共享发展成果，不让任何一个人掉队"。与此同时，针对 SDG10 中首次提出的国家之间的不平等问题，中国强调，应共同构建开放型世界经济，提高发展中国家在国际经济治理体系中的代表性和话语权。

五　自主自愿原则

国际发展合作效果一直低下的一个重要原因就是缺少贫困国

家的参与。一般而言，贫困的发展中国家更清楚自身经济发展的优劣势，因而更了解本国的优先发展问题和自身需求。所以，在开展发展合作时，应充分尊重贫困国家在制定和实施发展战略上的自主权，并帮助它们拟订适合的发展规划和优先发展战略，确保它们切实参与到发展合作活动中。所以，中国再次重申各国对本国落实2030年可持续发展议程享有充分自主权，"支持各国根据自身特点和本国国情制定发展战略，采取落实2030年可持续发展议程的措施。尊重彼此的发展选择，相互借鉴发展经验"。

六 共同但有区别的责任原则

"共同但有区别的责任"原则，是国际社会在发展领域的重要共识，是开展国际发展合作的基石。只有正视各国发展阶段、发展水平不同的客观现实，坚持"共同但有区别的责任"原则，才能确保发展中国家的正当发展权益。1992年，《里约宣言》第一次确定了"共同但有区别的责任"原则，指出发达国家必须为全球可持续发展承担主要责任。该原则也应是后2015发展议程最重要的原则。后2015发展议程不仅要考虑全球性的共同挑战，所有国家都应该尽力承担可持续发展的共同责任；同时应体现特殊性和多样性原则，正视各国发展水平不同的客观事实，"有区别"地分担责任。中国认为，"必须鼓励各国以落实2030年可持续发展议程为共同目标，根据共同但有区别的责任原则、各自国情和各自能力开展落实工作，为全球落实可持续发展进程做出各自贡献"。

第四节 中国参与可持续发展全球伙伴关系的思路和路径

一 尽力而为，量力而行，切实履行中国的国际责任

中国在联合国系列峰会上的诸多承诺已经显示，中国正积极主动地承担国际"共同的责任和义务"，而且可以预见，中国将在全球可持续发展进程中承担更多、更重要的"共同责任和义务"。然而不可否认的是，中国仍然是一个发展中国家，尚不足以与发达国家承担同等的"共同责任和义务"，因此中国在重视"共同的责任和义务"的同时，仍应该强调"有区别的责任"原则。中国要继续坚持发展中国家的根本立场，承担与其发展能力与发展阶段相适应的国际责任和义务，采取积极务实的态度，尽力而为、量力而行，适度参与国际环境与发展以及全球可持续发展进程。①

二 坚持南北合作的核心作用，敦促发达国家尽快履行国际承诺

发达国家作为经济全球化的主要推动者和受益者，对经济全球化进程中出现的环境和气候问题、贫困问题等负有不可推卸的责任。为了保障充足的发展资源，推动实现可持续发展议程，必须发挥南北合作的主渠道作用。一方面，中国需加强与发达国家

---

① 李干杰：《把握全球环发新形势、谱写中国可持续发展新篇章》，《环境保护》2012 年第 16 期，第 15 页。

的合作，充分发挥发达国家借力、借助和借鉴的作用。中国可以利用已有的南北合作机制和平台，如 G20、APEC 等，加强与发达国家在"绿色经济"、产能提升、气候变化等领域的合作。另一方面，中国需要联合国际社会，督促发达国家尽快履行其在官方发展援助、市场准入、债务减免、技术转移、全球治理等方面的国际承诺。

三　加强"南南合作"，将其作为南北合作的有益补充

为了支持广大发展中国家落实后 2015 发展议程，中国在联合国系列峰会上做出了提供资金（如建立"南南合作"援助基金）和发展知识（如设立国际发展知识中心）等多方面的援助承诺。这些承诺表明，在"南南合作"方面，中国已经迈出了实质性的一步，下一步需要做的就是切实履行这些承诺，确保实施的效率和效果。具体而言，与新兴经济体之间，要加强合作，团结互助，共谋发展。要代表广大发展中国家加强与发达国家的谈判和博弈，推动形成有利于发展中国家发展的国际环境和国际机制，同时监督和阻止发达国家借"和平与安全"、民主、人权等敏感问题干涉他国内政；利用已有的"南南合作"平台（如中非合作论坛、中阿合作论坛等），建立正式的、规范化的合作机制，如专门的专题讨论会或高层论坛等。与其他发展中国家之间，向发展中国家提供力所能及的发展援助和技术援助，帮助培养和提升其发展能力；将援助与对外贸易、投资相结合，以促进其他发展中国家的出口和 FDI，以最终推动其经济增长；加大与这些国家的发展经验交流和共享，取长补短，共同发展；考虑与联合国等国际组织合作，利用三方合作的形式加强与其他发展中国家的

合作。

四　改革中国的对外援助体系

为了更好地开展南南合作以及南北合作，中国的对外援助体系必须做出改革。一方面，突出发展议题的重要性，将其置于与外交、军事同等重要的地位，这也是很多发达国家（如美国、日本）一直秉承的理念。在外事活动中，中国可以推动将发展议题纳入 G20、金砖国家会议等国际会议议程，进而推动建立行之有效的全球发展政策协调机制，将发展更有效地纳入全球宏观政策协调的范畴。中国不仅可以借此宣扬自己的发展理念，而且能够帮助自身实现后 2015 发展议程。在具体操作时，中国可以采取"由小及大""由易及难"的方法，即先尝试在金砖国家内部小范围讨论发展议题，进而扩展到与其他发展中国家的合作议程或国际会议中，接着尝试扩展到 G20 等与发达国家相关的国际议程中，最后使发展议题被纳入重要的全球会议议程中。或者，先在东亚范围内讨论后 2015 发展议程等发展议题，进而扩展到整个亚洲地区的合作议程中，随后继续向周边地区扩展，直至发展议题被纳入全球会议议程。

另一方面，尽快建立独立的发展机构，可以考虑将南南合作援助基金与国际发展知识中心相结合，组建一个独立的中国国际发展机构。虽然中国开展援助活动的部门和机构非常多，但大多都是项目执行单位，而不是规划部门，换言之，中国一直缺乏能够进行顶层设计和规划的援助部门，这不仅导致援助活动缺乏整体一致性，影响中国对外援助的实际效果，而且削弱了受援国对中国援助活动的认识。

五 对发展融资的来源和有效性发挥更大作用

发展援助的本意是为受援国的发展提供帮助，但实际上，援助未必导致发展，甚至还会恶化发展状态。已有研究中不乏这样的观点：援助导致了增长变缓、使穷人更穷，援助对大部分发展中国家而言是一场彻底的政治、经济和人道主义灾难。[①]

21 世纪以来，援助有效性的问题得到重视，2002 年的蒙特雷筹资大会提出了有效援助的议题；此后，在经合组织发展援助委员会第一次有关援助有效性的高级别会议，即 2003 年的罗马会议上，有效援助的理念得到进一步强化；在该高级别会议第二次会议，即 2005 年的巴黎会议提出的《巴黎宣言》则给出了提高援助有效性的五项原则：自主性原则、同盟原则、协调原则、结果导向型管理原则、相互问责制原则；2008 年的第三次会议上，《阿克拉行动议程》也强调要加强发展中国家的能力建设，建立更有效和更具包容性的伙伴关系，提高援助效率。2011 年第四次会议发布的《釜山宣言》更是强调发展是最终的目的，成果重于过程；国际援助政策应从关注"援助有效性"向"发展有效性"转变，重视多样化援助主体的新合作伙伴关系。

实际上，当今国际发展领域不仅面临发展援助有效性的问题，还面临着严重的援助资金不足、发展资金短缺的问题。虽然 2002

---

① Dambisa Moyo, "Dead Aid: Why Aid is Not Working and How There Is a Better Way for Africa", Newyork, 2009, pp. 29 – 47.

年的《蒙特雷共识》已经向发达国家提出了量化的援助目标：将其提供的官方发展援助增加到占其国民总收入的 0.7% 。但是事实上，有一半发达国家并没有履行千年发展目标的援助承诺。① 而且，一方面，随着后 2015 发展议程的进一步拓展，新的发展目标对发展融资提出了更高的要求。而另一方面，2008 年金融危机以来，美国、日本和欧洲均面临财政赤字高启、国债余额迅速积累的问题，主要发达国家几乎没有可能根据新的发展资金需求提供援助。除了援助规模出现瓶颈之外，2010 年世界银行为了维持其贷款融资渠道发挥作用而推出的增资计划也一度因为美国国会的阻挠而面临困境。

　　在当前的发展议程中，援助和发展资金方面不仅面临着使用有效性问题，还面临着需求日益上升、供给愈加不足的矛盾。而中国在以上两个方面，正好有能力发挥更重要的作用，这与中国在世界经济中地位上升所对应的国际责任也是匹配的。中国可以为援助和发展资金提供多种形式的、有效率的融资和资金使用模式。过去三十多年中，中国的发展取得了巨大成就，许多发展经验可供其他发展中国家参考。同时，作为初步取得发展成效的经济体，中国的理论研究者、政策决策者也最了解发展中国家所面临的共同问题和挑战。更重要的是，中国坚持包容性发展的原则，在充分考虑各国实际情况、发展阶段的基础上理解各国的发展模式。

　　2011 年《釜山宣言》认为，单独依赖援助不能够打破贫困循

---

① 黄梅波、熊青龙：《千年宣言以来国际发展议程的定位、联系和发展方向》，《国际论坛》2014 年第 1 期，第 6 页。

环，并强调援助只是发展融资的方式之一。从世界银行的传统业务模式来看，为发展提供融资的渠道有贷款、股本投资、联合融资、多边投资担保等。其中，贷款、股本投资、联合融资主要为投资周期长且具有较大社会效益的项目提供融资；多边投资担保主要为了增强私人投资者的信心。但是，无论是哪种投资方式，都存在以下两大问题：其一，由于受援国的制度、发展环境的影响，发展资金使用的有效性存在问题；其二，这些投资要么具有较强外部性、本身收益率极低，要么具有较大的风险和很长的投资周期。因此，援助国提供资金的积极性不高，资金来源难以保证稳定和持续。

一些研究者还认为，过去的千年发展目标将重点放在社会发展上，降低了援助者对基础设施、农业和工业发展的重视程度，这可能会对经济增长和就业创造产生不利影响，从而长期对减贫产生不利影响。[①] 中国的发展经验则摸索出了一套新的发展融资和资金使用模式。例如，在受援国的大环境不利于吸引投资，从而援助有效性很可能存在问题的情况下，可以通过引进工业园区、经济特区的模式，使受援国在小范围内创造有利于经济发展的外部环境。受援国和援助国将获得双赢。对于援助国而言，这种项目投资本身具有较高的收益，因此可以保证资金来源的连续

[①] Ha - Joon Chang, "Hamlet Without the Prince of Denmark: How Development Has Disappeared from Today's Development Discourse", in Shahrukh Rafi Khan and Jens Christiansen, eds., *Towards New Developmentalism: Market as Means Rather-Than Master*, Abingdon: Routledge, 2010, pp. 47 – 58. And Charles Gore, "The MDG Paradigm, Productive Capacities and the Future of Poverty Reduction", *IDS Bulletin*, Vol. 41, Issue 1, 2010, pp. 70 – 79.

性和稳定性。受援国方面的收益则有以下三点：①经济特区发展将直接推动该国经济发展、就业增加；②在小范围内进行经济改革尝试，难度较低；③改革失败的风险可控，改革成功则会在更大范围内产生示范效应。

此外，中国政府也有能力为后 2015 发展议程的资金需求提供一定的补充。除了对现有国际多边开发机构的融资提供支持之外，中国也在努力参与金砖开发银行、亚洲基础设施投资银行等新兴国际多边开发机构的发展活动，为后 2015 发展议程的实施、援助资金的需求提供更充足的资金来源。

六 妥善处理现有多边开发机构与新机构间的关系

虽然中国努力推动建立了金砖国家开发银行、亚洲基础设施投资银行等新的国际多边开发机构，但是如何处理好这些机构与现有多边机构的关系，是一个微妙的问题。德国学者就认为金砖国家开发银行、亚洲基础设施投资银行以及中国正在推动的其他 12 个国际合作平台都是对现有国际秩序的挑战：其中，金砖国家开发银行是对世界银行的挑战，亚洲基础设施投资银行则是对亚洲开发银行的挑战。① 这种研究一方面凸显了西方学者对中国挑战现行国际秩序的焦虑和担忧；另一方面也表明，中国在努力推动新兴多边开发机构的同时，对国际社会所传递的定位信息不够清晰，甚至引发了外界的猜疑。为了使这些新兴多边开发机构更

---

① Sebastian Heilmann, Moritz Rudolf, Mikko Huotari and Johannes Buckow, "China's Shadow Foreign Policy: Parallel Structures Challenge the Established International Order", *China Monitor*, Mercator Institute for China Studies, Berlin, November, 18, 2014, pp. 2 - 4.

好地发挥作用，中国首先要处理好这些机构与现有机构之间的关系。

第一，明确现有的联合国机构在发展议程中的基础性地位，同时对于新的多边开发机构在国际发展议程中的地位与作用也要进行科学定位。联合国发展议程的推进是以联合国经济及社会理事会为中心，以世界银行、世界贸易组织、国际货币基金组织等作为专门机构，并通过公民团队和私人机构参与而形成的巨大网络。从参与者的广泛性、国际规则的权威性、提出议程的国际影响力等方面来看，联合国机构在发展议程中起到了核心的、基础性的作用，其地位是无可替代的。自 1972 年以来，中国也一直是联合国安理会常任理事国、联合国经济及社会理事会会员。随着国家实力的提升，中国在世界银行、国际货币基金组织等各个专门组织中的地位逐渐提高。因此，中国有能力而且也应该在现行的联合国体系、多边开发机构中发挥更重要的作用，直接参与和推动联合国发展议程的实施。

而新设的多边开发机构，如金砖国家开发银行、亚洲基础设施投资银行，在目前阶段的参与主体主要还是新兴经济体和发展中国家。即使在中短期内有部分发达经济体加入，从服务的对象国家、创始成员国的构成来看，这些机构的性质也仍然是南南合作的平台。虽然国际上已经存在其他地区性的多边开发机构且属于南南合作性质，但这些机构提供融资的能力、对国际发展议程的实际影响力都非常有限。而现有的主流多边开发机构，包括美国和日本主导的亚洲开发银行在内，都是南北合作的具体表现形式。因此，新设的多边开发机构，其南南合作的形式对现有多边开发机构的国际格局起到了有益的平衡和补充作用。

第二，积极发展新的多边开发机构与现有机构之间的合作关系。现有的多边开发机构在全球范围内运营了几十年，具有广泛的国际网络、成熟的人才使用和管理机制，并且拥有相对优质的项目资源。新设立的多边开发机构，应在上述方面与现有机构建立密切的合作关系，借鉴其管理经验、吸取其经营中的教训。由于这些新的多边机构急需完善，缺乏援助项目的开发、管理和维护经验，因此可以通过与现有机构之间具体的项目合作以积累管理经验。另外，这种合作还可以弥补现有机构（如世界银行）的信用规模不足。更重要的是，这种合作将加强新设多边机构与现有机构之间的沟通与了解，促进新设机构以国际秩序的完善者、而非挑战者的角色融入联合国的发展议程框架当中。

第三，新旧机构之间不可避免地存在竞争，要正确看待这种关系，需要对《巴黎宣言》有新的阐释和发展。《巴黎宣言》主张在受援国拥有发展议程所有权的基础上（主权原则），援助提供国内部应遵循同盟原则、协调原则。但2005年《巴黎宣言》产生的背景是受援国对应于发展中国家，发达国家对应于捐助国家。因此2005年《巴黎宣言》是对南北合作框架下发展议程实施的一种主张。

然而如前所述，新设立的多边开发机构实际上是发展议程中的南南合作形式，而南南合作的指导理念、援助条件和标准都不可避免地会与南北合作下的内容产生冲突。例如，中国和其他发展中国家更强调发展模式的多样化原则、"共同但有区别的责任"原则；在发展与人权两大支柱的关系中，更强调生存权和发展权是首要的人权；在可持续发展的经济、社会、环保三大支柱中，更强调经济发展。因此，南南合作形式下的新设多边开发机构，其价值理念在一定程度上会与现有机构不一致。为此需要根据新形势，在协商的基础上对《巴黎宣言》做进一步的发展性阐释，为不同模式的多边开发机构并行运转提供制度空间。

七 推动构建新型全球发展伙伴关系

新型的全球发展伙伴关系，首先必须确保参与各方都受益，发达国家也不例外，唯有如此才能确保这种关系的稳定性。其次要发挥各方参与者的比较优势：发达国家资金充足且在可持续发展方面已经积累了丰富的经验，新兴经济体更加了解广大发展中国家的发展需求，而多边开发机构在发展知识和惯例方面尤为擅长，因此，中国可以"南南合作"为基础，并利用 G20、世界银行等发展合作平台，进一步建立和加强与国际组织、发达国家之间的三方合作。同时，还可以吸引私人部门、社会团体等非政府部门共同参与国际发展合作，最终推动构建囊括发达国家、发展中国家、多边开发组织以及私人部门、社会团体等各种贡献主体的新型全球发展伙伴关系，共同推进后 2015 发展议程。

此外，推进新型全球发展伙伴关系，还可以尝试建立更为紧密的三方合作形式，即发达国家主导的官方发展援助、中国提倡的国际产能合作与受援助的发展中国家的三方合作。例如，美国和日本是全球最大的提供官方发展援助的国家，而一方面，由于 ODA 主要具有赠予和优惠的性质，很多时候资金的充足性、援助的有效性和可持续性面临问题，另一方面，中国提出的"一带一路"倡议，以及中国推动的亚洲基础设施投资银行等，都是着眼于产能合作，更具有开发性金融的性质。因此，中国的开发性金融机构，或者中国主导的国际开发融资机构，可以与发达国家的援助部门进行合作，共同向第三方发展中国家提供整合的一揽子融资计划。具体地，双方可以交流现有的项目信息以及潜在的项目储备情况；然后以此为基础，再寻找双方储备项目的空间交集，进而寻求官方发展援助与开发性金融项目的合作。在同一目标地区，中美之间的 ODA 与开发性金融合作可以互相取长补短。例如，ODA 可以为开发性金融合作提供更好的先期开发条件，而开发性金融支持又能进一步巩固和强化 ODA 援助的成果，从而协同提升援助有效性。

参考文献

邓红英：《国外对外援助理论研究述评》，《国外社会科学》2009 年第 5 期。

黄梅波、朱丹丹和吴仪君：《后 2015 发展议程与中国的应对》，《国际政治研究》2015 年第 1 期。

李干杰：《把握全球环发新形势、谱写中国可持续发展新篇章》，《环境保护》2012 年第 16 期。

杨东升：《国外经济援助的有效性》，《经济研究》2007 年第 10 期。

杨东升、刘岱：《国外经济援助的有效性：基于代际利他视角的研究》，《南方经济》2007 年第 12 期。

张春：《对中国参与 2015 年后国际发展议程的思考》，《现代国际关系》2013 年第 12 期。

朱达俊：《联合国三大环境宣言的发展及对中国的影响》，《资源与人居环境》2013 年第 9 期。

AbouZahr C. and Boerma T., "Five Years to Go and Counting: Progress towards the Millennium Development Goals", *Bulletin of the World Health Organization*, 2010, 88 (324).

Addan H., " Broadening the Environmental Dimension in the

Post – 2015 Development Agenda", *IDS Bulletin*, 2013（44）.

Adelman, I. and Chenery, H. B. , "The Foreign Aid and Economic Development: The Case of Greece ", *Review of Economics and Statistics*, 1966, 48（1）.

Alesina, A. and Dollar, D. , "Who Gives Foreign Aid to Whom and Why? ", *Journal of Economic Growth*, 2000（5）.

Anderson, E. and Waddington, H. , "Aid and the Millennium Development Goal Poverty Target: How Much is Required and How Should it be Allocated? ", *Oxford Development Studies*, 2007, 35（1）.

Arvin, B. M. and Baum, C. F. , "Tied and Untied Foreign Aid: A Theoretical and Empirical Analysis ", *Keio Economic Studies*, 1997, 34（2）.

Asteriou, D. , "Foreign Aid and Economic Growth: New Evidence from a Panel Data Approach for Five South Asian Countries", *Journal of Policy Modeling*, 2009（31）.

Boone, P. , "Politics and the Effectiveness of Foreign Aid", *European Economic Review*, 1996（40）.

Bourdon, H. M. et al. , "Aid for Trade in Developing Countries: Complex Linkages for Real Effectiveness ", *African Development Review*, 2009, 21（2）.

Burke, P. J. and Ahmadi – Esfahani, F. Z. , "Aid and growth: A Study of South East Asia", *Journal of Asian Economics*, 2006（17）.

Burnside, C. and Dollar, D. , "Aid, Policies, and Growth ", *American Economic Review*, 2000, 90（4）.

Busse, M. and Gröning, S. , "Does Foreign Aid Improve Governance ", *Economics Letters*, 2009 （104）.

Cali, M. and Te Velde, D. W. , "Does Aid for Trade Really Improve Trade Performance? ", *World Development*, 2011, 39 （5）.

Chatterjee, S. and Turnovsky, S. J. , "Foreign Aid and Economic Growth: the Role of Flexible Labor Supply ", *Journal of Development Economics*, 2007 （84）.

Chenery, H. B. and Strout, A. M. , "Foreign Assistance and Economic Development", *American Economic Review*, 1996, 56 （4）.

Cui, X. Y. and Gong, L. T. , "Foreign Aid, Domestic Capital Accumulation, and Foreign Borrowing", *Journal of Macroeconomics*, 2007 （30）.

Dalgaard, C. J. , Hansen, H. and Tarp, F. , "On the Empirics of Foreign Aid and Growth", *Economic Journal*, 2004 （114）.

Dowling, M. and Hiemenz, U. , "Aid, Savings and Growth in the Asian Region", *Economic Office Report Series*, Asian Development Bank, 1982 （3）.

Easterly, W. , "Can Foreign Aid Buy Growth?", *Journal of Economic Perspectives*, 2003, 17 （3）.

Easterly, W. , Levine, R. and Roodman, D. , "Aid, Policies, and Growth: Comment ", *American Economic Review*, 2004, 94 （3）.

Economides, G. Kalyvitis, S. and Philippopoulos, A. , "Does Foreign Aid Distort Incentives and Hurt Growth? Theory and Evidence from 75 Aid – recipient Countries ", *Public Choice*, 2008 （134）.

Eisenmann, A. S. and Verdier, T. , "Aid and Trade", *Oxford Review of Economic Policy*, 2007, 23 （3）.

Fehling M. , Nelson B. and Venkatapuram S. , "Limitations of the

Millennium Development Goals: A Literature Review", *Global Public Health*, 2013, 8 (10).

Flavio C., "The Post – 2015 Global Development Agenda: A Latin American Perspective", *Journal of International Development*, 2015 (12).

Gomanee, K. et, al., "Aid, Government Expenditure, and Aggregate Welfare", *World Development*, 2005, 33 (3).

Gomanee, K., Girma, S. and Morrissey, O., "Aid and Growth in Sub – Saharan Africa: Accounting for Transmission Mechanisms", *Journal of International Development*, 2005b (17).

Gomanee, K., Girma, S. and Morrissey, O., "Aid, Public Spending and Human Welfare: Evidence from Quantile Regressions", *Journal of International Development*, 2005a (17).

Gomanee, K., Girma, S. and Morrissey, O., "Searching for Aid Threshold Effects", CREDIT Research Paper, 2003.

Gong, L. T. and Zou, H. F., "Foreign Aid Reduces Domestic Capital Accumulation and Increases Foreign Borrowing: A Theoretical Analysis", *Annals of Economics and Finance*, 2000 (1).

Gong, L. T. and Zou, H. F., "Foreign Aid Reduces Labor Supply and Capital Accumulation", *Review of Development Economics*, 2001, 5 (1).

Gore C., "The Post – 2015 Moment: Towards Sustainable Development Goals and A New Global Development Paradigm", *Journal of International Development*, 2015 (12).

Hansen, H. and Tarp, F., "Aid and Growth Regressions", *Journal of Development Economics*, 2001 (64).

Hansen, H. and Tarp, F. , "Aid Effectiveness Disputed", *Journal of International Development*, 2000 (12).

Helble, M. , "Aid – for – trade Facilitation", *Review World Economy*, 2012 (148).

Hühne, P. et al. , "Who Benefits from Aid for Trade? Comparing the Effects on Recipient versus Donor Exports ", Kiel Working Paper No. 1852, 2013.

Hodler, R. , "Rent Seeking and Aid Effectiveness", *Int Tax Public Finan*, 2007 (14).

Hudson, J. and Mosley, P. , "Aid Policies and Growth: in Search of the Holy Grail", *Journal of International Development*, 2001 (13).

Irandoust, M. and Ericsson, J. , "Foreign aid, Domestic Savings, and Growth in LDCs: An Application of Likelihood – Based Panel Cointegration", *Economic Modeling*, 2005 (22).

Jensen, P. S. and Paldam, M. , " Can the Two New Aid – Growth Models Be Replicated?", *Public Choice*, 2006, 127 (1/2) .

Kourtellos, A. , Tan, C. M. and Zhang, X. B. , "Is the Relationship between Aid and Economic Growth Nonlinear?" International Food Policy Research Institute (IFPRI) Discussion Paper 00694, 2007.

Lahiri, S. and Raimondos, P. , "Welfare Effects of Aid Under Quantitative Trade Restrictions", *Journal of International Economics*, 1995 (39).

Langford M. , " A Poverty of Rights: Six Ways to Fix the MDGs", *Institute of Development Studies Bulletin*, Vol. 41, No. 1, 2010.

Lensink, R. and Morrissey, O. , "Aid Instability as a Measure of Uncertainty and the Positive Impact of Aid on Growth", *Journal of Devel-*

opment Studies, 2000, 36 (3).

Levy, V. , "Does Concessionary Aid Lead to Higher Investment Rates in Low – Income Countries?", *Review of Economics and Statistics*, 1987, 69 (1).

Mallik, G. , "Foreign Aid and Economic Growth: A Cointegration Analysis of the Six Poorest African Countries ", *Economic Analysis & Policy*, 2008, 38 (2).

McGillivray, M. and Morrissey, O. , "Aid and Trade Relationships in East Asia", *The World Economy*, 1998, 21 (7).

McMichael A. and Butler C. , "Climate Change, Health, and Development Goals", *The Lancet*, 2014 (364).

Mekasha, T. G. and Tarp, F. , "Aid and Growth: What Meta – Analysis Reveals", UNU World Institute for Development Economics Research Working Paper No. 2011/22, 2011: 1 – 44.

Minoiu, C. and Reddy, S. , "Aid Does Matter, After All", *Challenge*, 2007, 50 (2).

Mosley, P. , "The Political Economy of Foreign Aid: A Model of the Market for a Public Good", *Economic Development and Cultural Change*, 1980, 33 (2).

Munemo, J. , "Foreign Aid and Export Diversification in Developing Countries", *The Journal of International Trade & Economic Development*, 2011, 20 (3).

Munemo, J. , "Foreign Aid and Export Performance: A Panel Data Analysis of Developing Countries", World Bank, 2006.

Nowak, L. D. , "Does Foreign Aid Promote Recipient Exports to

Donor Countries?", *Review World Economy*, 2013 (149).

Obstfeld, M., *Foreign Resource Inflows, Saving, and Growth: The Economics of Saving and Growth*, UK: Cambridge Univ. Press, 1999.

Okada, K. and Samreth, S., "The Effect of Foreign Aid on Corruption: A Quantile Regression Approach", *Economics Letters*, 2012 (115).

Osakwe, P. N., "Foreign Aid, Resources and Export Diversification in Africa: A New Test of Existing Theories", MPRA Paper No. 2228, 2007.

Osei, R. et. al., "The Nature of Aid and Trade Relationships", *The European Journal of Development Research*, 2004, 16 (2).

Papanek, G. F., "Aid, Foreign Private Investment, Savings, and Growth in Less Developed Countries", *Journal of Political Economy*, 1973, 81 (1).

Papanek, G. F., "The Effect of Aid and Other Resource Transfers on Savings and Growth in Less Developed Countries", *Economic Journal*, 1972, 82 (327).

Pettersson, J. and Johansson, L., "Aid, Aid for Trade, and Bilateral Trade: An Empirical Study", *Journal of International Trade and Economic Development*, 2013, 22 (6).

Quazi, R. M., "Effects of Foreign Aid on GDP Growth and Fiscal Behavior: An Econometric Case Study of Bangladesh Author", *The Journal of Developing Areas*, 2005, 38 (2).

Rajan, R. G. and Subramanian, A., "Aid and Growth: What Does the Cross – Country Evidence Really Show?", *The Review of Economics and Statistics*, 2008, 90 (4).

Ram, R. , "Recipient Country's Policies and the Effect of Foreign Aid on Economic Growth in Developing Countries: Additional Evidence", *Journal of International Development*, 2004 (16).

Roodman, D. , "The Anarchy of Numbers: Aid, Development, and Cross – Country Empirics", Center for Global Development (CGD), Working Paper 32, 2004.

Sachs J. , "From Millennium Development Goals to Sustainable Development Goals", *The Lancet*, 2012 (379).

Schweinberger, A. G. , "Foreign aid, Tariffs and Nontraded Private or Public Good", *Journal of Development Economics*, 2002 (69).

Sexsmith K. and McMichael P. , "Formulating the SDGs: Reproducing or Reimagining State – Centered Development?", *Globalizations*, 2015, 12 (4).

Svensson, J. , "Why Conditional Aid Does Not Work and What Can Be Done about It?", *Journal of Development Economics*, 2003 (70).

Takarada, Y. , "Foreign Aid, Tariff Revenue, and Factor Adjustment Costs", *Japan and the World Economy*, 2004 (16).

Tan, K. Y. , "A Pooled Mean Group Analysis on Aid and Growth", *Applied Economics Letters*, 2009 (16).

Tashrifov, Y. , "Foreign Financial Aid, Government Policies and Economic Growth: Does the Policy Setting in Developing Countries Matter?", *Zagreb International Review of Economics & Business*, 2012, 15 (1).

Tsikata, T. M. , "Aid Effectiveness: A Survey of the Recent Empirical Literature", IMF Paper on Policy Analysis and Assessment, 1998.

United Nations, "Report of the United Nations Conference on

Environment and Development", *Rio de Janeiro*, June 3 – 14, 1992, Vol. I – III.

Vijil, M. and Wagner, L. , "Does Aid for Trade Enhance Export Performance? Investigating the Infrastructure Channel", *The World Economy*, 2012, 35 (7).

Voivodas, C. S. , "Exports, Foreign Capital Inflow and Economic Growth", *Journal of International Economics*, 1973 (3).

Waage J. , et. al, "The Millennium Development Goals: A Cross – sectoral Analysis and Principles for Goal Setting after 2015", *The Lancet*, 2010 (376).

World Bank. , "Assessing Aid: What Works, What Doesn't, and Why?" World Bank Policy Research Report, 1998.

索　引

图书在版编目（CIP）数据

重振可持续发展的全球伙伴关系／朱丹丹，孙靓莹，
徐奇渊著. -- 北京：社会科学文献出版社，2016.8
（2030 年可持续发展议程研究书系）
ISBN 978 - 7 - 5097 - 9654 - 2

Ⅰ.①重…　Ⅱ.①朱…　②孙…　③徐…　Ⅲ.①可持续
性发展 - 研究 - 世界　Ⅳ.①X22

中国版本图书馆 CIP 数据核字（2016）第 201528 号

·2030 年可持续发展议程研究书系·

重振可持续发展的全球伙伴关系

著　　者／朱丹丹　孙靓莹　徐奇渊

出 版 人／谢寿光
项目统筹／恽　薇　陈凤玲
责任编辑／陈　欣　王婧怡

出　　版／社会科学文献出版社·经济与管理出版分社　（010）59367226
　　　　　地址：北京市北三环中路甲 29 号院华龙大厦　邮编：100029
　　　　　网址：www. ssap. com. cn
发　　行／市场营销中心（010）59367081　59367018
印　　装／北京季蜂印刷有限公司

规　　格／开　本：787mm × 1092mm　1/16
　　　　　印　张：11.25　字　数：138 千字
版　　次／2016 年 8 月第 1 版　2016 年 8 月第 1 次印刷
书　　号／ISBN 978 - 7 - 5097 - 9654 - 2
定　　价／68.00 元